农业生态实用技术丛书

农作物秸秆
肥料化利用技术

NONGZUOWU JIEGAN FEILIAOHUA LIYONG JISHU

农业农村部农业生态与资源保护总站　组编

王亚静　王红彦　毕于运 等　著

U0395203

中国农业出版社

北　京

图书在版编目（CIP）数据

农作物秸秆肥料化利用技术 ／ 王亚静等著.—北京：中国农业出版社，2020.5（2023.10重印）

（农业生态实用技术丛书）

ISBN 978-7-109-24913-4

Ⅰ．①农…　Ⅱ．①王…　Ⅲ．①秸秆-造肥　Ⅳ．①S147.1

中国版本图书馆CIP数据核字（2018）第265212号

中国农业出版社出版

地址：北京市朝阳区麦子店街18号楼

邮编：100125

责任编辑：陈　亭　张德君　李　晶　司雪飞　　文字编辑：常　静

版式设计：韩小丽　　责任校对：沙凯霖

印刷：北京通州皇家印刷厂

版次：2020年5月第1版

印次：2023年10月北京第4次印刷

发行：新华书店北京发行所

开本：880mm×1230mm　1/32

印张：3.5

字数：70千字

定价：28.00元

本书编写人员

王亚静　王红彦　毕于运

覃　诚　石祖梁　高春雨

序

　　中共十八大站在历史和全局的战略高度，把生态文明建设纳入中国特色社会主义事业"五位一体"总体布局，提出了创新、协调、绿色、开放、共享的发展理念。习近平总书记指出："走向生态文明新时代，建设美丽中国，是实现中华民族伟大复兴的中国梦的重要内容。"中共中央、国务院印发的《关于加快推进生态文明建设的意见》和《生态文明体制改革总体方案》，明确提出了要协同推进农业现代化和绿色化。建设生态文明，走绿色发展之路，已经成为现代农业发展的必由之路。

　　推进农业生态文明建设，是贯彻落实习近平总书记生态文明思想的必然要求。农作物就是绿色生命，农业本身具有"绿色"属性，农业生产过程就是依靠绿色植物的光合固碳功能，把太阳能转化为生物能的绿色过程，现代化的农业必然是生态和谐、资源可持续、环境友好的农业。发展生态农业可以实现粮食安全、资源高效、环境保护协同的可持续发展目标，有效减少温室气体排放，增加碳汇，为美丽中国提供"生态屏障"，为子孙后代留下"绿水青山"。同时，农业生态文明建设也可推进多功能农业的发展，为城市居民提供观光、休闲、体验场所，促进全社会共享农业绿色发展成果。

农业生态文明思想起源于古老的中国，中国自春秋时期就懂得用地养地的道理以及物理杀虫、人工除草等做法。农牧结合、稻田养鱼、桑基鱼塘等农业生态模式在历史上曾经极大推动了文明和经济的发展。当前，我国农业生态文明建设已进入提供更多优质生态产品以满足人民日益增长的优美生态环境需求的攻坚期，也到了有条件、有能力发展环境友好农业的窗口期。多年来，从事农业生态研究的学者和实践者扎根农业生产一线，按"整体、协调、循环、再生"的原则，围绕农业生态文明建设开展了广泛、系统的实践和研究，探索总结出了丰富多样的应用技术。

为推广农业生态技术，推动形成可持续的农业绿色发展模式，从2016年开始，农业农村部农业生态与资源保护总站联合中国农业出版社，组织数十位业内权威专家，从资源节约、污染防治、废弃物循环利用、生态种养、生态景观构建等方面，多角度、多要素、多层次对农业生态实用技术开展梳理、总结和归纳，系统构建了农业生态知识体系，编写形成了《农业生态实用技术丛书》。丛书中的技术实用、文字简洁、步骤详尽、脉络清晰，技术可推广、模式可复制、经验可借鉴，具有很强的指导性和适用性，将为广大农民朋友、农业技术推广人员、管理人员、科研人员开展农业生态文明建设和研究提供很好的参考。

2020年4月

前言

　　推进秸秆综合利用是新时期我国重要的发展战略。2008年国务院办公厅发布了《关于推进农作物秸秆综合利用的意见》，提出要根据资源分布情况推广秸秆用作肥料、饲料、食用菌基料、燃料和工业原料等不同用途。各地通过制定秸秆综合利用规划，加强政策扶持、推进技术创新等，推进我国秸秆综合利用水平稳步提升，2017年，我国秸秆综合利用率超过82%。当前，推进秸秆综合利用已成为促进我国农业绿色发展，推进乡村振兴战略实施的重要抓手。

　　秸秆肥料化利用是秸秆综合利用重要的技术措施。目前，我国基本形成了以肥料化利用为主，饲料化、燃料化稳步推进，基料化、原料化为辅的综合利用格局，其中肥料化利用比例已超过40%。各地针对秸秆肥料化利用，在财政补贴、技术推广、政策扶持等方面出台了大量政策。总体看，秸秆肥料化利用对于提高地力、改良土壤，缓解秸秆焚烧对大气环境的污染，提高秸秆综合利用水平发挥了关键作用。

　　秸秆是宝贵的生物质资源，富含氮、磷、钾、钙、镁和硅等矿物元素。秸秆还田自古就是我国传统农业提高地力的良方。目前，美国和加拿大的秸秆肥料化利用率超过了2/3，秸秆肥料化利用潜力仍然巨大。随着肥料化工作不断推进，各地因地制宜，形成了44种秸秆还田模式，总结了一批高效的秸秆还田技术体系。但仍然存在着技术标准不明确、部分地区还田质量不高等问题，迫切需要进一步加强研究，系统梳理技术体系，开展区域适用性分析，增强技术推广应用的针对性和科学性。

全书共分为六个部分，各部分分别从技术内涵、技术特点、操作规程与技术要点、注意事项、适宜地区、典型案例六个方面依次论述了秸秆机械粉碎深翻还田技术、秸秆机械粉碎旋耕混埋还田技术、秸秆覆盖还田保护性耕作技术、秸秆快腐还田技术、秸秆生物反应堆技术和秸秆商品有机肥生产技术。

本书可为政府主管部门、农业技术推广部门、农业生产（农机）合作社、农场主、农户实施秸秆肥料化利用提供参考。在本书撰写过程中，参阅了大量文献，谨向所有作者表示衷心感谢。由于水平有限，书中难免有缺点和不足，敬请读者和专家批评指正。

著　者

2019年6月

目 录

一、秸秆机械粉碎深翻还田技术

（一）技术内涵

秸秆机械粉碎深翻还田是指利用农作物收获机械和秸秆粉碎还田机械对秸秆进行 1 ～ 2 遍的粉碎，再用耕翻机（如翻转犁、铧式犁等）将秸秆翻埋到 20 ～ 40 厘米的耕作层以下（亚耕层中），经过耙整后进行下茬作物播种。

（二）技术特点

秸秆机械粉碎深翻还田技术具有作业质量好、处理秸秆量大、成本低、生产效率高等特点，是减少露天焚烧秸秆、减少空气污染的有效抓手。与常规旋耕还田技术相比，深翻还田技术能够打破犁底层，有效提高土壤有机质、培肥地力、提高土壤保水能力、消灭病虫害，是大面积实现以地养地、建立高产稳产农田的有效途径之一。中国自家庭联产承包责任制以来，深翻、深松等大型农机作业面积越来越少，多为小型农机具作业，直接造成了耕层的"浅""实""少"问题，导致土壤理化性状日益恶化，根系生长受阻，农作物生产受到严重影响。连续多年的浅旋耕混埋还田，使大量秸秆混合在12～15厘米的耕作层内，未能及时腐烂的秸秆占到耕层土壤质量的1%～1.5%，导致土壤松散，容重下降，结构性变差。深翻还田技术可有效解决上述问题。

目前我国秸秆机械粉碎深翻还田面积为2.2亿亩*左右，约占秸秆还田总面积的15.7%，且以规模化种植的国有农场、农业合作社和农业园区为主。

（三）操作规程与技术要点

根据不同地区的种植制度和气候条件，将主要论述以下几种秸秆机械粉碎深翻还田技术：一是东北玉米秸秆粉碎深翻还田技术，二是西北棉秆粉碎深翻还田技术，三是黄淮海秸秆粉碎深翻还田技术。不同地区、不同作物的秸秆机械粉碎深翻还田技术，其操作规程和技术要点存在一定的差异。

1.东北玉米秸秆粉碎深翻还田技术

东北玉米秸秆粉碎深翻还田技术是基于东北地区所处的气候与生态条件，创新农机与农艺技术的结合，以"深翻还田"为核心，凸显秸秆深翻还田对我

---

* 亩为非法定计量单位，15亩=1公顷。

国黑土地资源生态效益的一种还田技术模式。在该模式下，联合收割机收割玉米后，将玉米秸秆粉碎均匀抛撒地面，然后用重型拖拉机深翻还田，在春季进行耙平，开展下一季农事生产。

该技术具有以下特点：

一是针对东北黑土地"质退量减"的现状，秸秆深翻还田技术可以实现深层土壤增碳的效果，构建黑土地合理耕层，提高土壤有机质含量。

二是秸秆深翻还田后经过分解所释放的氮素可以改变土壤氮素的供应水平，使亚耕层土壤速效氮含量增加显著。

三是秸秆深翻还田能够降低土壤容重，形成良好的土壤空隙结构，提高黑土地土壤的储水能力与入渗能力，增加亚耕层土壤含水量。

（1）技术流程。东北玉米秸秆粉碎深翻还田技术主要包括以下作业环节：机械收获玉米→玉米秸秆粉碎抛撒→秸秆二次粉碎→机械深翻→耙压和旋耕平地（起垄）→免耕播种。

（2）技术要点。①玉米进入完熟期后，采用大型玉米收获机进行收获，同时将玉米秸秆粉碎（长度＜10厘米），并均匀抛散于田间，不要有集堆现象。②深翻作业要达到良好的播种条件，在秋季进行深翻的深度应达25～35厘米，将秸秆掩埋在20厘米以下，秸秆、残茬掩埋率需大于90%。③东北地区玉米平均单产约460千克/亩，为使碳氧比调整到（25～30）：1的理想水平，需要增施尿素8.0～11.5千克/亩。④翻耕后耙平整地，耙深均匀（轻耙8～10厘米，重耙16～18厘米），达到秸秆、根茬耙碎、混拌均匀、不漏耙、不拖堆、地表平整、土壤细碎、达到起垄状态。⑤耙后及时起垄，垄高达17～22厘米，垄距均匀，直线度好，交接垄无明显宽窄不一现象，地头整齐，确保地表平整，达到播种状态。起垄后及时镇压，以利于保墒。⑥第二年春季当土壤5厘米地温稳定通过8℃，土壤耕层含水量在20%左右时，采用平播播种。⑦玉米种植密度的选择：低肥力地块种植密度3 670～4 000株/亩，高肥力地块种植密度4 000～4 670株/亩。⑧秸秆深翻处理需配备耕深30厘米以上的双向翻转犁、圆盘或缺口中（轻）耙及相应镇压器、起垄犁等。

（3）适宜耕作制度。该技术适宜在东北地区、中原地区、东部地区等主要玉米种植区应用，要求气候条件为降水量450毫米以上、积温2 600℃以上，耕种条件适宜大型机械化作业。对于30厘米以下土壤层为黄土、沙石等耕层浅薄地区慎用。

2.西北棉秆粉碎深翻还田技术

西北棉秆粉碎深翻还田技术主要通过集成机械粉碎和深翻还田技术，利用秸秆粉碎还田机，将刚收获完的棉花秸秆粉碎后均匀抛撒于土壤表面，然后进行耕翻掩埋，达到疏松土壤、改良土壤理化性、增加有机质、培肥地力等多重目标。同时实现消灭病虫害、提高产量、减少环境污染，从而有效解决我国棉花主产区棉秆利用率不高的问题。

该技术具有以下特点：

一是棉秆还田配合对棉田深松、秋施肥、深翻、冬灌等作业，大大改善了土壤养分，土壤熟化程度及保水、保肥、耐旱效果明显提高。

二是进行棉秆深翻还田作业时，棉秆应切的碎、埋的深，并做到足墒还田。

三是棉秆粉碎深翻还田需要使用大功率拖拉机、棉花秸秆粉碎还田机等大型农机具，对棉花秸秆实施机械粉碎、破茬、深翻、耙压等机械化作业。

（1）技术流程。西北棉秆粉碎深翻还田技术主要包括以下作业环节：机械收获棉花→秸秆粉碎还田→破茬→补充氮肥→机械深翻→耙压→冬灌→机械播种。

（2）技术要点。①棉花适时收获。此时棉秆呈绿色，棉秆内水分较多，易于粉碎。②秸秆粉碎。粉碎后棉秆长度不超过5厘米，切根遗漏率不得超过0.5%。③适时深翻。粉碎之后要尽快进行秋翻将秸秆翻耕入土，要求耕深在25厘米以上，加快秸秆分解的速度。④足墒还田。秸秆还田后要及时浇水，以促使秸秆与土壤紧密接触，防止架空。⑤补充氮肥。秸秆还田的地块，进行秋翻时一定要施入一定量的氮肥，缓解微生物与下茬作物幼苗争氮的现象。⑥秸秆还田作业应选用秸秆还田机，耕翻作业应选用铧式翻转犁。机械整地应选用联合整地机，没有联合整地机时可用旋耕机或圆盘耙代替。动力机械应合理配备足够功率的拖拉机。

（3）适宜耕作制度。全国范围内棉花种植的区域，尤其适宜于新疆等西北地区棉花规模化种植的区域。

3.黄淮海秸秆粉碎深翻还田技术

黄淮海秸秆粉碎深翻还田技术即基于黄淮海地区麦玉轮作种植制度，在玉米收获季节，用秸秆粉碎机完成玉米秸秆粉碎，将玉米秸秆粉碎后均匀抛撒于土壤表面，然后再利用大功率机械将秸秆翻埋，完成秸秆还田后播种小麦。

该技术能够使还田的秸秆与土壤充分接触，加快秸秆的腐解，提高深层的土壤肥力，解决土壤养分在地表聚集的问题；可以把表土中害虫卵蛹、病菌、孢子等翻到下面，使其在缺氧条件下窒息死亡；可以把原来藏于下层的害虫翻到地表，改变其生活环境，使之或失水干枯，或冬季低温下冷冻死亡；可以疏松耕层土壤，增加非毛管孔隙，提高总孔隙度，增强通气性和透水性，促进好氧微生物活动和养分释放，有利于作物根系发育，提高作物产量。该技术可以作为黄淮海小麦玉米两熟区土壤改良的主要土壤管理措施。

（1）技术流程。黄淮海秸秆粉碎深翻还田技术主要包括以下作业环节：玉米机械收获＋秸秆粉碎抛撒田间→大功率机械深翻还田→小麦播种机播种小麦。

（2）技术要点。①采用玉米联合收割机配套秸秆还田机一次进地对秸秆进行粉碎还田，还田完成后秸秆覆盖要相对均匀，地表平整，以便机器作业。②玉米秸秆粉碎深翻还田作业质量要求割茬高度≤8厘米，秸秆切碎长度≤10厘米，切碎长度合格率达90%以上，抛散不均匀率≤20%，漏切率≤1.5%；翻耕深度建议20～40厘米为宜，耕深稳定性≥85%，破土率≥80%，覆盖率≥80%。③需配备玉米联合收割机、铧式犁和小麦播种机。

（3）适宜耕作制度。本技术将秸秆粉碎后翻至土壤深处并掩埋，适用于黄淮海一年两熟区秸秆量较大的地区。一般为前茬小麦秸秆覆盖还田，立茬直播玉米。

（四）注意事项

秸秆机械粉碎深翻还田技术需要大功率机械配合翻转犁、铧式犁等机具进行作业，翻埋深度至少在20厘米以上，大部分地区建议以30～40厘米为佳。大部分地区的翻埋深度在20～30厘米时，一般还需要将秸秆进行二次粉碎，当翻埋深度达30～40厘米时，则不需要将秸秆进行二次粉碎，相对节约了成本。

秸秆机械粉碎深翻还田进行秋翻时一定要施入一定量的氮肥，以缓解秸秆微生物腐熟与农作物生长争夺氮源的问题。此外，秸秆还田配施氮肥的耕层构造可显著提高土壤含水量，降低土壤容重，调节土壤三相比。

目前，我国黄淮海地区主要的还田方式是旋耕混埋还田，该方式存在诸多问题（详见第二部分中的论述）。针对旋耕混埋还田存在的一系列问题，我国应大力推广深翻还田作业，以避免旋耕混埋还田带来的各种弊端。但考虑到成本等问题，也不主张年年深翻，可采取两年一深翻或三年一深翻。针对玉米秸秆，推荐采取"1+1"（一年翻耕一年旋耕）或"1+2"（一年翻耕两年旋耕）等多种方式进行秸秆还田。

（五）适宜地区

秸秆机械粉碎深翻还田技术适宜于年降水量在450毫米以上、风力不大的地区。要求地块较为平整，地块不能过于细碎，且坡度在7度以下为佳，便于大功率拖拉机作业。

（六）典型案例

1.吉林省玉米秸秆全量深翻还田技术

吉林省拥有着丰富的黑土资源，但近些年吉林省耕地的土壤有机质含量大幅下降，部分地区的黑土层已由20世纪50年代的平均60～70厘米，下降到当前的平均20～30厘米。黑土层的有机质含量由历史上的5%，下降到当前的平均2.2%。黑土资源的可持续性面临着严峻的挑战。吉林省玉米秸秆全量深翻还田技术，是基于吉林省玉米生产所处的气候与生态条件，利用配套的农机与农艺技术，以"深翻还田"为核心，实施过程全机械化的玉米秸秆全量直接还田技术模式。

该技术的模式流程如图1。

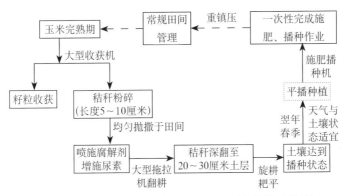

图1 吉林省玉米秸秆全量深翻还田技术模式流程

玉米秸秆全量深翻还田技术在吉林省中部地区公主岭、榆树、农安与宁江等县（区）进行大面积的推广与应用，年均累积推广面积约为12.6万亩。与常规农民耕种习惯相比，玉米秸秆全量深翻还田技术模式的应用有效提高了土壤耕层厚度与有机质的含量，玉米出苗率可达90%以上，节约肥料用量10%，肥料利用率提高10.6%。经计算，2011—2015年玉米秸秆全量深翻还田技术的应用较常规耕种方式下，玉米产量平均增加10.1%，每亩增加纯收入1 200元，增收13.5%。

从生态环境效益来看，玉米秸秆全量深翻还田技术的实施，一方面利于土壤肥力与生产力的提升，积极地推动了东北黑土资源的可持续利用，与常规习惯相比，经过四年秸秆深翻还田，土壤耕层（0～20厘米）与亚耕层（20～40厘米）的土壤有机质含量分别增加了14.7%和22.2%。另一方面，技术瓶颈的突破使秸秆还田技术更为可行，促进了秸秆资源循环再利用，减少了秸秆焚烧对大气环境所产生的负面影响。

2.新疆生产建设兵团棉花秸秆粉碎深翻还田模式

地处新疆塔克拉玛干大沙漠北缘的新疆生产建设兵团第二师三十四团，在每年秋收后（10月中下旬）开始进行棉花秸秆粉碎深翻还田，此项工作大概持续到11月上旬。棉秆粉碎还田率达100%。棉秆还田配合对棉田深松、秋施肥、深翻、冬灌等作业，大大改善了土壤养分，土壤熟化程度及保水、保肥、耐旱效果明显提高。同时，揭膜与粉碎秸秆同时操作，对废弃薄膜进行有效回收，薄膜回收率可达90%（图2）。

图2　老式棉花秸秆粉碎机及人工捡拾薄膜场景
（新疆生产建设兵团提供）

2015年前该团使用的是秸秆专用粉秆机，分为两膜机和一膜机，由4.8万～6.6万瓦特的机车牵引。棉秆粉碎要求在5厘米以下，此类粉秆机只能粉碎棉秆，棉秆散落各处，于薄膜人工捡拾完毕进行犁地，犁深在30～35厘米，棉花秸秆未进行任何处理，直接翻入土中自然腐熟。

2016年兵团引进揭膜粉秆一体机（图3），此机型有两膜机和一膜机，可以通过人字铲机械和收膜机械将压入土中的边膜取出，薄膜回收率可达90%。其中，两膜机需13.2万瓦特以上的机车牵引，将两行薄膜集中在一张薄膜上，秸秆粉碎在3厘米以下，秸秆被粉碎成碎末，且集中堆放，排成一行，个别处有堆积现象。由于揭膜与粉秆同时操作，机械牵引负荷大，揭膜粉秆一体机的轴极易损坏，机械维修时间过长。一膜机需6.6万瓦特以上的机车牵引，秸秆粉碎在3厘米以下，秸秆被粉碎成碎末，排成一行，个别处也有堆积现象，被粉碎秸秆与薄膜的分离不彻底。以上两种揭膜粉秆一体机经常出现薄膜与土混杂的现象，造成后续薄膜打捆机作业困难、揭膜粉秆一体机易损坏等问题，从而使得揭膜粉秆一体机作业面积较少。此类机械作业后，同样需要于薄膜捡拾完毕后进行犁地，犁深在30～35厘米，棉花秸秆未进行任何处理，直接翻入土中自然腐熟。犁地时间于秋收后10月中下旬开始，11月上旬结束。

图3　揭膜粉秆一体机（新疆生产建设兵团提供）

连续五年进行棉秆还田，土壤有机质、全氮、全磷分别可比秸秆还田前提高2.79%、33.55%、27.60%，土壤碱解氮和有效磷依次提高5.92%和

13.51%。可见，长期坚持棉秆还田有利于改良贫瘠的土壤，增加农田土壤有机质、补充和平衡土壤养分、培肥土壤地力、改良土壤性状、保持土壤水土具有重要作用，有助于建设稳产、高产高标准棉田，实现棉花稳步增产。

二、秸秆机械粉碎旋耕混埋还田技术

（一）技术内涵

秸秆机械粉碎旋耕混埋还田技术，即利用农作物收获机械和秸秆粉碎还田机械对玉米、小麦、水稻等农作物秸秆进行1～3遍粉碎后，均匀地抛撒在地表，再用旋耕机对农田进行1～3遍旋耕，使秸秆与表层土壤充分混均并在土壤中腐烂分解。该技术的作用是改善土壤结构、增加有机质含量、促进农作物持续增产。

（二）技术特点

秸秆机械粉碎旋耕混埋还田技术是根据各地区的水热资源禀赋与种植制度高度集约、换茬耕作时间紧等特征而形成的一种秸秆还田利用模式，是大面积实现以地养地、提升耕地质量、建立高产稳产农田的有效途径。该技术主要有以下特点：

1.流程简单、操作方便、节省农时

秸秆经收割机粉碎或秸秆还田机粉碎并匀抛后，经旋耕机1～2次作业，即可栽插或播种下茬作物。与传统的沤制还田相比，该技术省去了割、捆、运、铡、沤、翻、送、撒等多道工序，减轻劳动强度。

2.降低了作业能耗、节省成本

该技术采用旋耕机作业，与需要大功率机械的翻埋还田技术相比，可减少动力消耗，且旋耕作业可以与土地耕整结合，减少了秸秆还田作业程序，降低了成本。

3.可选择多种复式作业

即可采用施肥、旋耕、播种与镇压复式作业，也可选择条旋、条播与镇压复式作业等，一次完成秸秆旋耕还田、后茬作物播种等作业，满足轮作区抢收抢种与作物高产稳产等要求。

目前，我国秸秆机械粉碎旋耕混埋还田面积约为10.3亿亩，占秸秆还田总面积的73.6%，且以分散种植的农户为主。

（三）操作规程与技术要点

1.水稻秸秆机械粉碎旋耕混埋还田技术

（1）技术流程。水稻秸秆机械粉碎旋耕混埋还田技术主要包括以下作业环节：水稻机收→秸秆切碎+

均匀抛撒→施基肥→旋耕两次（或反转灭茬机旋埋秸秆）→后茬作物播种或移栽（小麦机械条播或摆播、油菜机械直播或机械移栽等）。

（2）技术要点。①水稻收获与秸秆粉碎。选用带粉碎抛撒装置的半喂式或全喂式收割机，在水稻收获同时将秸秆粉碎并抛撒还田。要求割茬高度≤15厘米，秸秆粉碎长度小于8厘米，切断长度合格率≥90%，抛撒幅度等宽于收割机宽度，抛撒均匀；或者留高茬20～40厘米，采用秸秆粉碎还田作业一遍，使稻秸粉碎并均匀摊铺在田面上。②稻草粉碎后旋耕作业。采用旋耕或反旋作业机械，旋耕深度≥12厘米。采用反转灭茬机，作业一次即可；采用正转灭茬机旋耕，以作业两次为宜。旋耕整地作业，在旋碎土壤的同时，将地表秸秆旋入土壤中，要求秸秆覆盖率≥90%，地表平整，田面高差≤3厘米。施用基肥的田块，可在旋耕埋草作业前，将基肥均匀撒施至地表。③增施氮肥。秸秆还田初期往往会发生微生物与植物争夺速效养分现象，使农作物黄苗不发。要在秸秆还田同时，补施一定量的氮肥和磷肥，一般每亩还田500千克秸秆时，需补施4.5千克纯氮和1.5千克纯磷，促进秸秆腐烂分解。④后茬作物播种。以小麦为例，采取均匀摆播或带状条播机进行小麦播种，播后及时镇压使耕层土壤变得较为紧实，种子深度趋于一致，具有较好的保墒、保证播种质量等作用，种子能够吸收足够的营养和水分，迅速发芽出苗，从而利于形成壮苗群体。镇压的土壤最适宜含水量为18%～22%。

（3）适宜耕作制度。水稻秸秆机械粉碎旋耕混埋还田技术主要应用于长江中下游地区的水旱两作区和双季稻区。

2.稻麦两熟小麦秸秆机械粉碎旋耕混埋还田技术

（1）技术流程。稻麦两熟小麦秸秆机械粉碎旋耕混埋还田技术主要包括以下作业环节：小麦机收→秸秆粉碎+均匀抛撒→放水浸泡24小时→底施氮肥→机械旋耕混埋→施复混肥→平整土地→水稻种植（机插、摆栽、抛秧、人工插秧）。

（2）技术要点。①小麦秸秆粉碎、均匀抛撒。小麦收获时割茬高度≤15厘米，选用带切割粉碎并匀抛装置的高性能全喂入式联合收割机，将切草刀片间距调整为5～8厘米，确保秸秆切碎长度≤10厘米，切断长度合格率≥90%，且均匀分散于田面，抛撒均匀度≥80%。②泡田整地。泡田前，稻田中要底施氮肥，调节土壤碳氮比；灌溉水层浸泡2～3天，留薄层水（田面水层高处见墩、低处有水为准）；用中型拖拉机配套埋草旋耕机作业，力求一次性旋耕达到埋草平整效果；手扶拖拉机旋耕埋草需将水田行走的防滑轮改装为45厘米宽的"压草轮"，并旋耕两遍，提高埋草耕整平整度。耕整后，田面允许露出的碎草在90根/米^{2}以下。③水稻移栽。泡田后的稻田需在田块沉实后抢时移栽，插足基本苗，起秧栽插过程中防止秧苗失水萎蔫和秧苗折断；长江中下游地区的栽插规格一般为30厘米每穴4～5株苗，保证基本苗在7万～8.5万株/亩。

（3）适宜耕作制度。稻麦两熟小麦秸秆机械粉碎旋耕混埋还田技术适合我国稻麦两熟区。

3.麦玉两熟小麦秸秆机械粉碎旋耕混埋还田技术

（1）技术流程。麦玉两熟小麦秸秆机械粉碎旋耕混埋还田技术主要包括以下作业环节：小麦机收→秸秆粉碎＋均匀抛撒→旋耕机旋耕还田→平整土地→后茬作物。

（2）技术要点。①采用小麦联合收割机自带粉碎装置对秸秆直接切碎，并均匀抛撒覆盖于地表，割茬高度≤15厘米，小麦秸秆切碎长度≤10厘米，切断长度合格率≥95%，抛撒不均匀率≤20%，漏切率≤1.5%。旋耕深度≥12厘米。②机具配备。小麦联合收割机的发动机应满足自带粉碎装置对动力的需求；小麦播种机的性能应满足当地农艺要求；旋耕机和小麦播种机作业时应配套适宜动力的拖拉机。

（3）适宜耕作制度。该技术适于黄淮海地区小麦收获后种植辣椒等作物的区域，以及渭河谷地、西北小麦一熟地区。

4.玉米秸秆机械粉碎旋耕混埋还田技术

（1）技术流程。玉米秸秆机械粉碎旋耕混埋还田技术主要包括以下作业环节：玉米人工摘穗（或机械收获同步粉碎）→秸秆机械粉碎→撒施底肥和杀菌剂杀虫→旋耕两遍→圆盘播种机进行小麦机械条播。

（2）技术要点。①玉米秸秆粉碎与旋耕。玉米秸秆粉碎长度应在5～10厘米，切碎长度合格率达90%以上，抛散不均匀率≤20%，地面无明显集堆现象。以三年为周期对土地进行翻耕，一年深耕两年深旋。使用大功率旋耕机旋耕，旋耕深度达15厘米左右。采用大功率深耕机深耕，深耕深度达30厘米以上，作业最大宽度不超过60厘米，来回作业间距最大不超过60厘米。②撒施腐熟剂。根据土壤、气候条件（土壤温度在12℃以上、且土壤含水量能保证在40%以上时），适时适量施用秸秆腐熟剂，推荐每亩均匀撒施4千克的有机物料腐熟剂，或按每千克秸秆施用2亿个以上有效活菌数（CFU）来计算确定秸秆腐熟剂量。撒施腐熟剂要选无风天气作业，可以掺细土撒施，不能与肥料掺在一起撒施。③增施氮肥。秸秆还田初期往往会发生微生物与农作物争夺速效养分的现象，使农作物黄苗不发，应补施一定量的氮肥和磷肥，促进秸秆腐烂分解。可选择增施尿素等氮肥以调节碳氮比，施用量要根据配方施肥建议和还田秸秆有效养分量确定，酌情减少磷肥、钾肥和中微量元素肥料，适量增加氮肥基施比例，将碳氮比调至（20～40）：1。一般每亩还田500千克秸秆时，需补施4.5千克纯氮和1.5千克纯磷。

（3）适宜耕作制度。该技术适用于黄淮海地区麦玉轮作区。在东北、内蒙古东部一年一熟玉米产区应用该技术时，由于气候寒冷，应将秸秆从田间清理出一部分，一般要求在50%以上，以免影响土壤升温，进而影响到玉米的播种、出苗、生长和产量。

5.油菜机收低留茬秸秆粉碎旋耕混埋还田技术

（1）技术流程。油菜机收低留茬秸秆粉碎旋耕混埋还田技术主要包括以下作业环节：机收油菜→秸秆切碎均匀抛撒→灌水泡田→旋耕机作业→打浆平地→水稻机插秧或机直播。这里油菜机收后留茬的高度≤10厘米，若油菜机收后留茬高度为10～30厘米，则要在灌水泡田之前增加一次灭茬作业。

（2）技术要点。秸秆粉碎长度≤10厘米，泡田1～2天（水深1～3厘米），旋耕作业秸秆混埋还田，旋耕深度≥15厘米。

（3）适宜耕作制度。该技术适用于水旱轮作的冬油菜生产区。

6.棉秆机械粉碎旋耕混埋还田技术

（1）技术流程。棉秆机械粉碎旋耕混埋还田技术主要包括以下作业环节：机械收获→秸秆粉碎还田→机械深松→旋耕耙切整地→机械播种。

（2）技术要点。①棉花机械收获后，一种方式是机械捡拾地表残膜，用秸秆还田机进行粉碎还田；另一种方式是用秸秆还田残膜回收一体机进行秸秆粉碎还田和残膜捡拾作业。地表残膜要尽量捡拾干净，秸秆抛撒覆盖要基本均匀。②棉花秸秆粉碎还田作业质量要求割茬高度≤8厘米，秸秆切碎长度≤10厘米，切碎长度合格率≥90%以上，抛散不均匀率≤20%，漏切率≤1.5%。③秸秆粉碎还田后，进行机械深松，深松深度为30～40厘米。④耕后用联合耕整地机或旋耕机、圆盘耙将地表平整，第二年播种前再用联合整地机或旋耕机、圆盘耙耙地整平，要保证上虚下实，利于播种。整地后进行机械铺膜播种。

（3）适宜耕作制度。该技术适用于新疆棉区、长江与黄河流域棉区。

（四）注意事项

秸秆粉碎旋耕混埋还田必须要与土壤深松相结合。这是由于连续多年的旋耕混埋还田，使大量秸秆混合在12～15厘米的耕作层内，未能及时腐烂的秸秆可占到耕层土壤质量的1.0%～1.5%，导致土壤松散，容重下降，结构性变差。这种土被称为"秸秆土"，与人们乐见的"海绵土"性能相去甚远。

根据大量的入户调研和定点试验观测，人们归纳出"秸秆土"的五大缺点：一是影响种子发芽着根，增加播种量。二是出现"吊根"现象，影响作物早期生长。三是抗旱、抗倒伏能力差。四是夏季秸秆的快速腐解可能产生与农作物生长争夺氮源的问题。五是增加病虫害发生的概率和程度。

目前我国农户小规模零散耕作难以快速发生根本改变，在未来一个相当长的时期内，秸秆粉碎旋耕混埋还田仍将是我国秸秆还田的主要方式。为了解决这一还田方式所导致的耕层过浅等有关问题，必须定期开展土壤深松作业。土壤深松作业可以在不搅动土层的前提下，打破厚实的犁底层、疏松土壤、透气保墒，利于作物根系下扎，促进根系水肥的吸收。深松作业的要求为土壤含水量达15%～22%，深松深度达35～50厘米；深松进行时间应在播前秸秆处理后作业；作业中松深要保持一致，无重复或漏松现象。

除了必须要与深松作业相结合之外，秸秆粉碎旋耕混埋还田还需要注意以下几个方面的问题。

第一，作物收获时，采用安装有秸秆切碎装置的联合收割机，在进行收获作业的同时，同步进行秸秆切碎和抛撒（图4），要求秸秆粉碎长度小于10厘米。若联合收割机上没有安装秸秆切碎装置，则需用秸秆粉碎机再次进地把收获后落于地面的秸秆切碎并抛撒开。

图4　配备秸秆切碎抛撒装置的收割机田间作业效果

第二，在秸秆大量还田后，也会造成土壤透风失墒严重、后茬作物根系发育不良、冬春冻害死苗严重等现象。因此，秸秆混埋条件下小麦、油菜等后茬作物播种后，采用麦田镇压器工作一次进一步压实土壤，可避免麦苗、油菜等架空和根部漏风状况，有利于增加出苗率和提高产量。

第三，秸秆还田后选择合适的农艺技术进行后茬作物的播种。例如，开沟机开沟应在土壤墒情适宜的条件下进行，土壤含水量过高，不利沟泥匀撒，且易机轮深陷毁坏田面，影响出苗。稻茬麦（油菜）播种方式应根据土壤墒情和整地质量进行选择，墒情适宜且整地质量好的地区可选用机条播，并适度加大行距；土壤墒情和整地质量较差的地方应大力推广机械匀播技术。

第四，加强农田管理。在稻麦（油）轮作区，稻田多数时期处于淹水状态，麦秸还田后、水稻移栽前的灌溉和施肥对于水稻幼苗生长发育至关重要，采取合理有效的水肥管理措施将有助于减缓麦秸腐解产物对水稻生长的抑制作用，同时满足稻田的养分供应。水田小麦秸秆均匀摊铺、施入基肥后，要及时放水泡田，浸泡时间以泡软秸秆、泡透耕作层为度。应采取"干湿交替、浅水勤灌"的方法，并适时搁田，改善土壤通气性。

第五，秸秆灭茬时，采用大、中型旋耕机械进行整地作业，旋耕深度＞12厘米。为使秸秆与肥料、土壤混拌均匀，采用反转灭茬机作业一遍效果较好

（图5），或正转灭茬机旋耕两次，沿江高沙土地区可采用正转灭茬机进行作业。同时精细整地，达到土碎地平，为作物播种或移栽创造条件。

图5　反转灭茬机田间作业效果

第六，秸秆还田时间要适当，适当的土壤墒情不仅易于耕作，且良好通气条件可加快秸秆腐解。一般在农作物收割后应立即进行秸秆还田，避免秸秆水分损失致使不易腐解。如玉米在不影响产量的情况下，应及时摘穗，趁秸秆青绿、含水率30%以上时粉碎旋埋。秸秆腐解时，土壤水分含量应为田间持水量的60%才适合，若土壤水分不足，应及时灌溉补水，以促进秸秆腐解，释放养分，供作物吸收。

（五）适宜地区

此项技术适宜长江中下游一年两熟制的水稻—小麦轮作区、水稻—油菜轮作区，如江苏、安徽、湖北、四川、浙江、江西等部分地区；华北平原一年两熟制的小麦—玉米轮作区，如河北、山西等部分地区。不适宜水土流失严重的坡耕旱地。

（六）典型案例

1.江苏省泗洪县车门乡水稻秸秆旋耕混埋还田+小麦种植模式

江苏省农业科学院农业资源与环境研究所针对稻麦两熟区轮作制度，深入分析秸秆还田存在技术问题和农艺问题，通过系统研究、筛选，研制了秸秆粉碎匀铺装置、小麦均匀摆播机、麦田镇压器，并通过试验筛选了适合秸秆还田的反转灭茬机和开沟机械，提出了水稻秸秆全量还田小麦高产栽培技术，解决了秸秆相对集中、秸秆还田后土壤透风失墒、出苗不均、小麦根系发育不良、冬春冻害死苗严重等一系列问题，产量较同类型麦田提高15%。

江苏省车门乡是典型的农业乡镇，年平均气温15.1℃，年降水量960.4毫米，年无霜期203天，地处南北过渡地带，兼具稻麦两熟和麦玉两熟的轮作制度，全乡耕地面积7.5万亩，主要种植小麦、水稻、玉米，秸秆产生总量为8.62万吨。自2012年开始，实施秸秆还田主导型区域秸秆机械粉碎旋耕混埋利用模式，2015年底，全乡秸秆综合利用率达到了92.3%，其中秸秆还田量占秸秆产生总量的70.8%，有效避免了秸秆露天焚烧和解决了秸秆"还下去、还得好"的问题。作业主要流程如下（图6）。

收割＋碎草＋匀铺　　　反转灭茬整地

机械镇压　　　机械均匀摆播

机械开沟　　　全苗壮苗、长势均匀

图6　水稻秸秆旋耕还田与小麦种植流程

2.齐河县玉米秸秆机械粉碎旋耕混埋还田综合配套技术模式

齐河县地处鲁西北平原，位于德州市最南端。地形地貌以平原为主，地势平坦，土层深厚，土壤肥沃，拥有耕地126万亩，土地成方连片。齐河县为一年两熟耕作制度，主要气候特点为四季分明、气候温和、冷热季和干湿季明显，适宜小麦、玉米种植。2015年齐河县全年粮食种植面积232万亩，其中玉米种植面积115.8万亩，秸秆产量95.64万吨；小麦种植面积115.99万亩，秸秆产量为90.88万吨。棉花种植面积0.4万亩，秸秆产量0.31万吨；其他作物种植面积1.30万亩，秸秆产量0.55万吨。近几年，齐河县大力推广玉米秸秆粉碎全量还田技术，县政府成立项目领导小组，加强项目组织协调、人员配置、监督检查。由齐河县农业局牵头成立了技术指导小组，具体负责实施技术方案的制定、技术培训、开展有关田间试验示范，落实玉米秸秆机械粉碎旋耕混埋还田中的关键技术措施，搞好宣传培训、固定监测点建设、示范展示等，有效地提高了秸秆肥料利用率，取得了良好的经济效益、社会效益、生态效益。

（1）经济效益。近三年，该模式已经在齐河县焦庙镇、祝阿镇等10个乡镇（街道办）累计实施耕地保护与质量提升项目面积40.60万亩，达到了"节本增效"。玉米秸秆还田后每亩地减施化肥约12千克，共计节约化肥4 872吨，玉米平均单位面积产量提高了35千克。

（2）社会效益。实施玉米秸秆直接粉碎全量还田技术，作物从土壤中吸收的大量养分通过秸秆还田归还到土壤中，增加了土壤水、肥、气、菌（微生物）的涵养能力；增强土壤活性，培肥了地力；减少化肥投入，提升了耕地质量。该技术可促进土地综合生产能力和可持续发展能力的提高，确保粮食高产和粮食安全。

（3）生态效益。齐河县内各种秸秆利用率达90%以上，秸秆粉碎旋耕还田减少了秸秆焚烧、乱堆乱放所造成的污染，并且秸秆中所含的氮、磷、钾等元素肥料随即归还土壤，减少了速效氮肥的投入，显著提高了土壤有机质含量，解决了由于大量连续使用化肥而造成的土壤盐渍化和严重板结等难题；同时对建设无公害农产品、绿色食品基地标准化生产具有十分重要的意义。

三、秸秆覆盖还田保护性耕作技术

（一）技术内涵

秸秆覆盖还田保护性耕作技术是指将农作物机收时粉碎的秸秆、人工收获后再利用秸秆粉碎还田机处理过的秸秆或人工收获后再经人工割下的整秸秆，覆盖于农田表面，直接利用免耕直播机进行下茬作物播种。

（二）技术特点

秸秆覆盖还田保护性耕作有三大要素：一是少免耕，二是秸秆覆盖，三是机械深松。该技术改革铧式犁翻耕土壤的传统耕作方式，实行免耕或少耕，且采用免耕播种，在有残茬覆盖的地表实现开沟、播种、施肥、施药、覆土镇压复式作业，简化工序，减少机械进地次数，降低成本；利用作物秸秆残茬覆盖地表，在培肥地力的同时，用秸秆盖土，根茬固土，保护土壤，减少风蚀、水蚀和水分无效蒸发，提高天然降水利用率；可与土壤深松作业相结合。

目前，我国秸秆覆盖还田保护性耕作面积为1.5亿亩左右，约占秸秆还田总面积的10.7%，以西北地区为主。

（三）操作规程与技术要点

根据我国不同地区的种植制度、气候条件以及秸秆还田技术推广应用的现状和特点，主要介绍以下几种秸秆覆盖还田保护性耕作技术模式：一是东北玉米秸秆覆盖宽窄行免耕栽培技术，二是北方农牧交错带保护性耕作技术，三是黄淮海两茬平作区秸秆还田免耕直播技术，四是南方地区马铃薯免耕稻草覆盖技术。

1.东北玉米秸秆覆盖宽窄行免耕栽培技术

东北玉米秸秆覆盖宽窄行免耕栽培技术是在收获时将秸秆直接覆盖在地表，配套相关的技术措施，建立秸秆覆盖、免耕播种、宽窄行种植、配方施肥、化学除草、综合防病及收获全程机械化技术体系，实现玉米秸秆全部还田。该技术以玉米秸秆直接覆盖还田为核心，是玉米秸秆综合利用方法最直接、操作最简便、农民最欢迎、收效最显著的技术模式，可有效缓解东北地区秸秆焚烧问题，实现保土、保水、养地的目的。

（1）技术流程。东北玉米秸秆覆盖宽窄行免耕栽培技术主要包括以下作业环节（图7）：免耕播种、施肥，宽窄行种植→化学除草→综合防治病虫害→机械收获、秸秆覆盖还田→土壤疏松→秸秆清理→下一年免耕播种施肥（依次循环）。

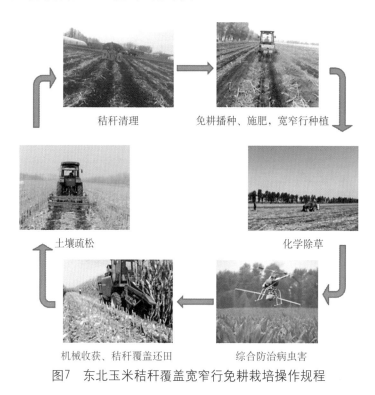

图7 东北玉米秸秆覆盖宽窄行免耕栽培操作规程

（2）技术要点。①平作。在平整的耕地表面种植，不起垄，通过平作减少耕地表面积而降低土壤水分蒸发。②宽窄行种植。宽行距80～130厘米，窄行距50厘米。③免耕播种施肥。用免耕播种机播种，一次完成秸秆切断和清理、化肥深施、种床整理、播种开沟、单粒播种、口肥浅施、挤压覆土和加强镇压等工序。播种株数根据品种、地力和水分情况确定，以不减少单位面积株数为原则。④化学除草。使用高性能喷药机作业，最好具有风幕功能的喷药机，这种喷药机由于有风幕形成，保护了药液不散失，更多的药液附着在地表或杂草上。有两种方法：一是播种后出苗前封闭灭草，二是出苗后除草。也可以两方法共用。⑤防治病虫害。一是种子药剂包衣防治。对丝黑穗病、苗枯病、根腐病等病害和对金针虫、地老虎等地下害虫防治效果较好。二是药剂喷雾防治。为了提高防治效果，应使用自走式高性能喷雾机或无人驾驶飞机进行。选用氯虫·噻虫嗪、氯虫苯甲酰胺等药剂在6月下旬至7月上旬进行喷施，对大斑病、小斑病、立枯病等病害和玉米螟、黏虫等虫害防治效果较好。⑥秸秆覆盖还田。秸秆集中在当年的窄行中。使用专用的玉米收获机在收获作业时将秸秆集中在窄行中，或使用秸秆整理机将秸秆整理到窄行中。一是使用具有秸秆集中功能的专用玉米收获机作业，秸秆集中铺放在窄行带中。二是使用常用五行玉米收获机作业，一次收获两组窄行（四行），收获机割台中间一行摘穗辊闲置。⑦整理秸秆。由于普通收获机收获后秸秆无序覆盖地表，不具备将秸秆集中在当年的窄行中的条件，使用秸秆集行处理机将秸秆搂至窄行中。拖拉机轮子行走在相邻的窄行中，搂秆集行处理机中间的两个旋转部件行走在两窄行内侧的宽行中，两侧的旋转部件行走在两窄行外侧靠近窄行一侧；在行驶中，旋转部件上的弹齿将秸秆清理集中到窄行中。⑧必要的土壤疏松。视土壤容重变化情况，使用专用深松机在收获后进行作业。在当年的宽行带，使用带翼铲的深松机在宽行带的中间下铲，一次进地完成深松、平地、碎土的镇压，作业后达到待播种状态。其优点是有利于保护好疏松带，为明年播种打好基础。有犁底层的地块，深松深度超过30厘米，没有犁底层的地块，如果土壤板结严重，对耕层进行疏松。

（3）适宜耕作制度。该技术适宜于吉林省、辽宁省大部，黑龙江省西南部、内蒙古自治区东部等气候条件适宜的雨养农业玉米种植区。

2.北方农牧交错带保护性耕作技术

北方农牧交错带保护性耕作技术是基于北方农牧交错带干旱少雨、风蚀沙害严重的气候特征和一年一熟为主的种植制度，采取的以秸秆残茬覆盖、少免耕、深松耕、机械化播种等技术进行有机结合并科学组合高效施肥、灌溉技术而形成的一项技术。其核心是防风、固土、减尘、保水、保肥。

北方农牧交错带保护性耕作技术最大限度地减少了机耕作业次数，具有改善土壤理化性状、节水保土、防农田风蚀、减少劳动力、降低作业成本等优点。该技术是防治农田土壤沙化的重要途径，对该区农田生态环境建设和恢复意义深远。

（1）技术流程。该技术是一个完整的工艺体系，包括了从前茬作物收获开始，至翌年作物收获的所有操作工序，具体包括机械化收获及其秸秆处理、表土作业、播种和田间管理等。北方农牧交错带保护性耕作技术主要包括以下作业环节：收获→秸秆粉碎→深松→浅旋→施肥少耕播种。

（2）技术要点。农牧交错带杂草比较严重，需要加强化学除草、机械除草技术应用。免耕播种易造成秸秆分布不均匀，应先使用机械粉碎再进行免耕播种。浅旋深度5～10厘米。秸秆过多会阻碍作物出苗，秸秆覆盖率40%以上。要及时进行深松作业，避免土壤容积密度上升。

（3）适宜耕作制度。该技术适宜于我国农牧交错地区，北起大兴安岭西麓的呼伦贝尔，向西南延伸，经内蒙古东南、冀北、晋北、陕北、鄂尔多斯、宁夏中部、兰州北部直到青海玉树，是从半干旱向干旱区过渡的广阔地带，总面积约160万千米^2，海拔300～2 600米，年降水量235～450毫米。

3.黄淮海两茬平作区秸秆还田免耕直播技术

黄淮海两茬平作区小麦－玉米秸秆还田免耕直播技术是指将小麦机械化收获粉碎还田技术、玉米免耕机械直播技术、玉米秸化高效施肥技术等集成，实现简化作业、减少能耗、降低生产成本、培肥地力、节约灌溉用水等目的的保护性耕作技术。该技术可有效解决小麦、玉米秸秆机械化全量还田的作物出苗及高产稳产问题；改善土壤结构，提高土壤肥力，提高农田水分利用效率，节约灌溉用水；利用机械化免耕技术，实现省工、省力、省时和节约费用等。

（1）技术流程。黄淮海两茬平作区小麦－玉米秸秆还田免耕直播技术主要包括以下作业环节：小麦联合收割机收获→麦秸机械粉碎→免耕或浅耕播种玉米→生长期化学除草和玉米根部人工施肥→玉米摘穗收获→玉米秸秆机械粉碎→免耕或旋耕播种小麦。

（2）技术要点。采用联合收割机收获小麦，并配以秸秆粉碎及抛撒装置，实现小麦秸秆的全量还田。玉米秸秆粉碎机将立秆玉米秸秆粉碎 1 ～ 2 遍，使玉米秸秆粉碎翻压还田。小麦、玉米实行免耕施肥播种技术，播种机要有良好的通过性、可靠性，避免被秸秆杂草堵塞影响播种质量。进行病害、虫害、草害防治，用喷除草剂、机械锄草、人工锄草相结合的方式综合治理杂草。必须与深松、免耕播种技术相结合。

（3）适宜耕作制度。该技术适宜黄淮海两茬平作区，主要包括淮河以北、燕山山脉以南的华北平原及陕西关中平原，涉及北京、天津、河北中南部、山东、河南、江苏北部、安徽北部及陕西关中平原等多个地区。该区域气候属温带－暖温带半湿润偏旱区和半湿润区，年降水量450～700毫米，灌溉条件相对较好。

4.南方地区马铃薯免耕稻草覆盖技术

南方地区马铃薯免耕稻草覆盖技术是基于该地区的晚稻－马铃薯种植制度，在水稻等前茬作物收获后，对田块不经翻耕犁耙，直接开沟成畦，将薯种摆放在畦面上，用稻草等秸秆全程覆盖，配套相应的施肥、灌溉等管理措施，直至收获的一项轻型高产高效栽培技术。该技术具有操作简便、省工省力；高效利用秸秆资源、肥田养地；抢时上市、商品率高；稳产高产、节本增效；投资省、见效快等技术优势。推广这项技术，不仅有利于冬季农业的开发，增加冬季绿色覆盖作物面积，而且有利于农作物秸秆（稻草）还田，促进可再生资源的合理利用，改善农田生态环境。加上稻草覆盖种植的薯块圆整，色泽鲜嫩，表皮光滑，收获时带土少，破损率低，具有较好的商品性，是一项省工节本，高效增收的稻田保护性耕作技术。实验结果表明，采取该模式进行马铃薯种植，没有青头薯，商品薯率达90.3%，且稻草能够完全腐解，既可增碳和养分回田，又不影响下茬早稻耕作时的机械作业。此外，冬作马铃薯收获后残体继续回田，在后茬的氮肥、磷肥、钾肥用量降低30%～50%的条件下，不会降低产量，能够提高整体种植的经济效益，实现减肥增效的目的。

（1）技术流程。南方地区马铃薯免耕稻草覆盖技术主要包括以下作业环节：水稻收获→开沟→种薯→稻草覆盖→施肥灌溉→马铃薯收获。

（2）技术要点。①秸秆处理。水稻收割时，留茬高度小于10厘米，秸秆整秆收获移出田块。②马铃薯播种。起垄播种马铃薯，播种深度5～10厘米，适宜播期10月下旬至11月中旬，播种密度5000万～5500万株/亩。③覆盖稻草。在马铃薯栽种后，趁着垄面湿润覆盖稻草（图8），盖草后淋一次水或撒土压草，适宜的稻草覆盖量为250～500千克/亩。④施用腐熟剂。稻草覆盖后，施用秸秆腐熟剂。秸秆腐熟剂按每千克秸秆施用2亿个以上有效活菌数（CFU）计算确定施用量。⑤生长期培土。整个生育期培土两次，共计8～10厘米。第一次在齐苗后5～10天，苗高15～20厘米时重培土，厚度5～8厘米，垄面不留空白。第二次在封行前进行，重点是对第一次培土厚度不够的部位补土，使种薯以上的土层厚度达15～20厘米，以增加结薯层、提高产量；防止薯块见光变绿，影响品质。培土时应尽量避免泥土把叶片盖住或伤害茎秆。⑥其他配套措施。主要包括动态平衡施肥技术（包含2～4次喷淋水肥技术等）和病害、虫害、草害综合防治技术。同时有严重病虫害的稻草不宜直接覆盖，需将其高温堆沤后再利用。

（3）适宜耕作制度。该技术适宜华南等双季稻区、华南以北的晚稻区以及南方中稻区。

图8　晚稻收获后秸秆覆盖马铃薯种植

（四）注意事项

在保护性耕作条件下，由于免除了翻耕除草而使杂草增多，因此要通过喷施化学药剂、机械除草、人工除草以及轮作、秸秆覆盖等作业和措施来控制杂草和病虫害。要将以上技术形成操作规范，尽快普及到农户。此外，与保护性耕作配套的技术，如施肥、灌水等，也需要相应改变，才能充分发挥保护性耕作的效益。

秸秆覆盖还田保护性耕作如果不与土壤深松相结合，久而久之将使耕地失去耕层。据中国农业大学高焕文教授撰文介绍：在2010年农业工程年会上美国学者提出了适合美国的保护性耕作最佳模式不是免耕而是深松（少耕）加大量秸秆覆盖。美国学者强调秸秆覆盖的作用大于免耕的作用，认为30%的秸秆覆盖不够，要70%以上甚至100%秸秆覆盖率来充分发挥保护性耕作的效益。由此可见，土壤深松是秸秆覆盖还田保护性耕作的必要配套措施。

（五）适宜地区

秸秆覆盖保护性耕作技术适宜东北雨养农业玉米种植区、北方农牧交错带、黄淮海地区和南方地区。

（六）典型案例

1.吉林省梨树县玉米秸秆覆盖还田技术模式

自2007年起，由梨树县农业技术推广总站牵头，中国科学院沈阳应用生态研究所、中国农业大学等科研团队参与，在梨树县建立了玉米秸秆覆盖免耕栽培技术研发基地，学习借鉴发达国家免耕播种的技术模式。在玉米秸秆全部覆盖还田情况下，创新研发出适合我国国情的保护性耕作技术模式——秸秆全覆盖免耕栽培技术。在此基础上我们又结合玉米秸秆综合利用的实际情况，构建起了以玉米秸秆覆盖还田为核心的玉米秸秆全量覆盖还田利用技术模式体系。

2017年，玉米秸秆覆盖还田免耕栽培技术模式作为梨树县秸秆综合利用的重点推广模式，在全县得到了大面积推广应用，取得了显著成效。全县17个乡镇做到了每个乡镇都布局一个千亩基本连片的秸秆全覆盖还田技术模式示范区，254个村每个村都有一个百亩的秸秆覆盖还田技术模式示范田，以起到示范引导带动作用。梨树县卢伟农机农民专业合作社流转3 300亩耕地，在2017年全部采用了玉米秸秆覆盖免耕栽培技术，不但很好地消化利用玉米秸秆2 200吨，而且玉米平均产量在12 000千克以上。在梨树县千亩方高产高效创建活动中，该合作社获得了竞赛一等奖。

2017年全县玉米秸秆覆盖还田免耕技术模式推广应用面积达39万亩，比上年增长近一倍。力争在2020年全面建立起以玉米秸秆覆盖还田模式为主体、以部分秸秆打包离田模式为辅的梨树县秸秆综合利用模式体系，秸秆综合利用率达90%，其中玉米秸秆覆盖还田模式超过秸秆综合利用率的50%，实现生态、经济与社会效益的有机统一和同步提高。

（1）生态效益。一是提高空气质量。通过39万亩地块实施秸秆全量就地覆盖还田，全县相当于超过30万吨秸秆得到了高效生态综合利用，玉米秸秆焚烧火点数量比2016年大幅度减少，雾霾等空气质量问题得到减轻。二是蓄水保墒。梨树县是春、秋季风频发并且风力较大的地区，在无秸秆覆盖的地块，由于风蚀水蚀，对黑土地土壤造成一定程度的破坏。通过秸秆覆盖还田，给大地盖上了一层"被"，同时春季播种采用免耕播种方式，不翻动，动土少，大大减轻了风和雨水对土壤的侵蚀，起到了固土的作用。据测查，在局部大旱的2017年，秸秆覆盖的地块，水分蒸腾和径流减少了，土壤中蓄水量较对比田块高15%以上，相当于年增加50毫米的降水量。这50毫米降水量相当于全年降水量的12%，干旱程度明显减轻。三是保持土壤性状。应用秸秆覆盖免耕栽培技术，普遍减少了农业机械进地作业次数达3次以上，减轻了机械对土壤的碾压，使土壤容量明显低于秸秆打包离开模式地块。

（2）经济效益。从适于梨树县的秸秆覆盖还田、秸秆深埋还田、全部秸秆机械打包离田、部分秸秆机械打包离田四种秸秆综合利用技术模式的经济效益来看，秸秆覆盖还田模式，经济效益最优，给农民增加的收入最多，体现出"两节省""两增加"的经济效果。

"两节省"：即节省农机装备投入资金、节省农机生产作业费。玉米秸秆覆盖还田模式每1 500亩配置农机装备的资金投入量，分别比其他三种模式少29.5万元、52.8万元和28.8万元。此外，秸秆覆盖还田模式至少比其他还田离田农机作业模式减少两道以上作业环节，平均每亩地可以节省农机作业费50元以上。按照梨树县目前玉米平均亩产情况，相当于每斤玉米降低5分钱生产成本。2017年该县推广秸秆覆盖还田模式，仅节省农机生产作业费就达近2 000万元。

"两增加"：一是玉米产量增加。林海镇老奤村优粮美家庭农场连续七年采用秸秆覆盖还田免耕播种技术，玉米产量优势在后几年越来越凸显出来。2017年在严重干旱情况下，该农场玉米产量比本村对照田高出22.8%，每亩地多打150千克玉米。二是农民玉米生产收入增加。仅节省农机生产作业费和玉米产量增加这两项，每亩就可以给农户至少增加133元收入。卢伟农机农民专业合作社通过流转和社员带地入社的3 000多亩耕地，由于采用玉米秸秆覆盖还田免耕栽培技术模式，每亩耕地就使农民获得流转费或者分红200多元，得到该社农民的赞誉。

（3）社会效益。梨树县推进秸秆覆盖还田模式的秸秆综合利用工作取得了实实在在的成效，得到了社会各界的关注，获得的社会评价高、农民认可度高。《人民日报》《农民日报》《经济日报》、新华社等多家国家级新闻媒体，对梨树县推广应用秸秆覆盖还田模式所取得的成效，进行了全面报道。《农民日报》将梨树县创立形成与推广应用的玉米秸秆覆盖还田免耕技术模式体系，誉为"梨树模式"。

2.宁夏中部干旱带秸秆覆盖保护性耕作技术

宁夏中部干旱带即东西风沙源头区，该区主要以减少水分蒸发和水土流失、提高天然降水利用率、降低生产成本、促进农牧业稳产和农民增收为主要目标。技术体系为一年一作种植模式，即免耕播种玉米并采用保护性耕作技术补播牧草。

（1）经济效益。在宁夏中部干旱带有4种作物增产效果显著。其中，玉米增产4.1%，小麦增产7.3%，小杂粮增产11.2%，大豆增产32%。在一年两熟区，保护性耕作节本增效带来的综合经济效益平均为101元/亩，一年一熟区为43.5元/亩。

（2）生态效益。秸秆覆盖还田和免耕播种改善了土壤结构，提高了土壤有机质含量，减少了水分蒸发，增强了蓄水保墒保肥能力，实现了农田的可持续利用。

（3）社会效益。保护性耕作的全面实施，改变了传统的耕作方式，增强了农民科学种田和保护环境的意识。同时，保护性耕作促进了农业科学技术的进步和农机具结构调整与优化组合，提高了农业装备水平。

3.广东省东莞市马铃薯稻草覆盖免耕栽培技术

东莞市自2009年开始推广冬种马铃薯，至今种植面积仅3 000亩，推广力度不足。全市冬闲田以稻田为主，故稻草覆盖免耕栽培技术是较适合的冬种马铃薯模式。该技术的主要特点是稻田不翻耕，种薯直接摆放在田上，再用稻草覆盖，封闭保护地下根系生长和薯块形成，与传统栽培方式有很大不同。

东莞市冬季平均气温大致能满足马铃薯生长。但1月气温偏低，且会有冷害，应尽早播种，最好争取在11月下旬东莞市晚季稻收割完毕后播种。种植时要起畦，利于排灌和管理。播种时，先将种薯摆好，确保种薯切面朝上，使芽眼朝下或向下倾斜侧放，在种薯周围盖上一层厚度为3～5厘米的细碎泥土。冬马铃薯生育期短，可适当增加种植密度以提高产量，田间植株以4 500～5 000株／亩为宜。应施足底肥，施45%高浓度复合肥50千克／亩。施基肥时，选在两株中间或在种薯四周5～10厘米的位置施肥，切勿施肥到种薯上，以免烧死种薯。摆好种薯，施足底肥后，即将厚度为8～10厘米的稻草平铺覆盖在畦面上，并拍实。分两层铺盖，稻草结合部也要重叠摆放，以免结合部留空漏光。病虫害防治方面，可通过喷施霜脲·锰锌、霜霉威盐酸盐等防治病毒病，喷施三氟氯氰菊酯等防治地老虎、蛴螬、金针虫等地下害虫。

省工节本，增收明显。免耕种植免去了翻耕整地、挖穴下种、中耕除草和挖薯收获等工序，节省劳力，减轻劳动强度。结薯环境通风透气，保温保湿，利于薯块的形成和膨大，同时收获方便，不伤薯块，商品率高，提高了马铃薯的商品性和安全贮藏性。

利于发展生态型农业。稻草覆盖栽培马铃薯实现了秸秆还田，增加了土壤有机质，改善了土壤结构，培肥了地力，使土壤肥力结构形成良性循环，同时抑制了杂草生长。水旱轮作还可以减轻水稻、马铃薯两种作物的病虫害。该技术减少了农药、化肥用量，保护和改善了农业生态环境，有利于农业生产的可持续发展。

四、秸秆快腐还田技术

（一）技术内涵

秸秆快腐还田技术是秸秆覆盖快速腐熟还田技术的简称。秸秆快腐还田技术是指在适宜的营养（特别是氮素）、温度、湿度、通气量和pH条件下，将秸秆覆盖在土壤表面后，喷洒快腐剂，通过微生物的繁殖，使秸秆分解成为简单的有机物，进而转化成优质生物有机肥。

我国有大量的秸秆，在全量机械化还田中，还田腐熟慢，不容易降解，从而导致了秧苗生长出现缺氧、倒伏、黄苗等问题。若将大量秸秆先堆制腐熟再施入农田，则耗时耗力。秸秆快腐剂中含有大量的高效微生物菌，能有效促进秸秆分解，不受季节和地点的限制，省工省力。该技术的应用既可充分利用秸秆资源，又保护生态环境，是当前利用高新技术、大规模、高效率生产有机肥料的最佳途径。

秸秆快腐还田技术主要是通过添加快腐剂，快腐剂中的微生物使秸秆分解成作物所需要的氮、磷、钾等大量元素和钙、镁、锰、钼等中微量元素。微生物是秸秆腐熟的主体，不同微生物对不同物质分解能力和分解速率不尽相同。秸秆分解主要是分解其中的纤维素、半纤维素、木质素等高分子聚合物，这三类物质分子量大、结构紧密有序、抗分解力强。同时多数作物秸秆的表面还存在大量蜡质层，更增加了分解难度，因此需要能够产纤维素酶、半纤维素酶、木质素酶的多种微生物共同参与，逐步有序地接力分解。细菌、真菌中的很多种微生物都可以使秸秆腐解。可按照不同秸秆的种类，有针对性地配置快腐剂。此外，在快腐剂选择过程中，水田条件下可优先选择细菌、真菌类快腐剂，旱地条件下选择真菌和放线菌类的快腐产品。

快腐剂施于秸秆上经过5～7天的适应期后，微生物菌落开始自由地繁殖生长。先是土壤与秸秆交接处出现大量菌丝菌落，接触耕地面的秸秆出现水浸状，此时期为定殖期。定殖完成后，微生物大量繁殖生长，其种群数量迅速扩大，开始依赖于处理秸秆韧皮部，蜡质层脱落，纤维素表面积增大，使水解充分，利于微纤维分解，胞外酶苷键进行攻击，此时期为繁殖生长期。此后进入了生长繁殖期，主要以微生物个体细胞生长为主、繁殖为辅，纤维素分解性细菌大量生长，表现为秸秆纤维素松软，经机械搓揉秸秆可碎裂成小块，即营养源大量消耗，转变成代谢产物，此期的维系时间相对较长。随着营养源物质的破坏，代谢产物的堆积，碳氮比下降，微生物的生长进入死亡或衰退期，其繁殖基本停止，秸秆也基本处理完毕。

（二）技术特点

1.省时省力，应用方便

只需在作物收割后将秸秆铺盖田中，撒快腐剂于秸秆表面，不需要单独增加作业环节，应用方便，减轻了农户处理秸秆的繁重工作，有利于下茬作物及时播种。

2.增产节肥，提高效益

首先，秸秆快腐剂加速秸秆腐烂，土壤各种养分含量均有所提高，促进作物增产。据试验表明，快腐还田水稻生产较无处理情况下增产64.76千克/亩，增产率为9.65%；较全量还田增产25.62千克/亩，增产率为3.61%（王道远等，2016）。而据试验表明，秸秆喷施快腐剂250克/亩后还田可增产8.2%，水稻有效穗数、穗粒数和结实率都有显著增加（肖薇航，2012）。其次，秸秆快腐还田，可显著增加土壤有机质含量，节约化肥投入。

3.改良土壤，培肥地力

作物秸秆含有纤维素、半纤维素、木质素、蛋白质和矿质元素等，既含有较多的有机质，又有氮、磷、钾等营养元素。通过秸秆快腐剂作用于各种农作物秸秆，可使其中养分释放，从而补充土壤养分。据试验证明，添加快腐剂覆盖还田土壤有机质从20.4克/千克到25.2克/千克，上升了4.8克/千克，全氮由原来的0.97克/千克转变为1.19克/千克，上涨了0.22克/千克，有效磷由10.99毫克/千克变为12.11毫克/千克，速效钾从121.3毫克/千克变化为135.4毫克/千克，土壤理化性状得到显著改善，土壤肥力有所增强（王道远等，2016）。

（三）操作规程与技术要点

常规操作流程分三步。首先，应用铡草机将秸秆切断或直接用粉碎机将秸秆粉碎，之后把碎秸秆均匀抛撒到田间。先施用底肥（尤其是氮肥），接着喷洒秸秆快腐剂。其次，通过还田机械进行旋耕或翻耕将秸秆填埋进土壤中，旱地要进行浇水处理，水田则需要泡水处理。最后，进行下茬作物种植。

以下是两种常见的快腐处理类型，水稻免耕抛秧时覆盖秸秆的快腐处理和小麦、油菜等作物免耕撒播时覆盖秸秆的快腐处理。

1.水稻免耕抛栽快腐还田

（1）操作流程。水稻免耕抛秧时，用于覆盖还田的秸秆主要有麦秸、油菜秆、前茬稻草、马铃薯秧等。作物收获后，除去田间杂草，适当平整田面，及时将收下的作物秸秆均匀平铺全田，撒施腐秆灵2千克/亩或具有同等效力的其他催腐剂产品，灌深水泡田。然后施肥，施肥量确保纯氮不低于8千克/亩、五氧化二磷不低于5千克/亩、氧化钾不低于5千克/亩。7～10天后，秸秆下沉，田水回落至5～7厘米深，即可开始抛秧。如果季节允许，浸沤田时间长一些，效果更好。在水稻生长期间，麦秸和油菜秆逐渐腐烂，待水稻成熟时，麦秸和油菜秆也完全腐烂了。

这种处理方式适用于不同茬口稻草覆盖还田：①完全适用于"双季稻"和"双季稻＋马铃薯"一年三熟晚稻种植时早稻稻草的覆盖还田。②基本适用于"双季稻"早稻种植时晚稻稻草的覆盖还田。不同的是晚稻收获后，不是马上放水泡沤稻草，而是在次年春早稻播种前，提前留有足够的时间泡田，一般是在喷施除草剂2～3天后进行。经过冬季，如果稻草已经有所腐解，放水后稻草不再浮起，可以不施用催腐剂。另外，早稻免耕抛秧一般要进行两次喷药除杂草，第一次在春节前后，第二次在抛秧前10～15天。

（2）技术要点。一是尽可能使秸秆破碎。秸秆破碎程度高可使秸秆细胞壁破损，对纤维素原有的坚韧结构造成破坏，从而有利于秸秆降解。同时，破碎的秸秆增加了秸秆与快腐剂中降解菌的接触面积，从而有利于快腐剂中的微生物定殖和生长，继而发挥降解作用。一般麦秸、油菜秆、稻草秸秆粉碎长度应低于10厘米，玉米秸秆粉碎长度小于5厘米。二是调控合适的碳氮比。微生物的生长代谢受营养物质碳源和氮源的影响。微生物的生长需要大量碳源和氮源，其在生长过程中会吸收土壤中的速效氮素，与农作物争夺氮素，导致幼苗发黄、生长缓慢，不利于培育壮苗。而且秸秆碳氮比相对较高，玉米秸秆为53：1，小麦秸秆则达87：1。过高的碳氮比在秸秆腐烂过程中会出现反硝化作用，一般秸秆直接还田后，适宜秸秆腐烂的碳氮比为（20～25）：1，需要通过尿素等氮肥的施用来调节碳氮比。麦秸、油菜秆、稻草秸秆全量还田时，在原来施肥量基础上，应额外增加3～5千克/亩尿素，或将后期施氮量前移。

2.小麦、油菜等作物快腐还田

（1）操作规程。小麦、油菜等作物免耕撒播时，用于覆盖还田的秸秆主要是稻草，对其进行快腐处理的一般方法为：水稻收获后将田块按4～6米的宽度开厢，沟宽和沟深分别为20～30厘米，开沟泥土均匀撒至厢面，并平整厢面；将该田块的全部稻草均匀铺于厢面，同时施腐秆灵2千克/亩或具有同等效力的其他催腐剂产品，然后即可适时撒播麦种或油菜种等。如果水稻收获较早，到播种小麦、油菜等小春作物前的两个月又处于高温高湿阶段，再加上腐秆灵的作用，铺在田面的稻草就能基本腐烂了。平整田面后，也可等到播种时，先撒上麦种或油菜种等，接着覆盖一层稻草，再在稻草上喷施快腐剂。

（2）技术要点。小麦、油菜等作物快腐还田的技术要点除尽可能使秸秆破碎和调控合适碳氮比外，还有以下三点：

一是控制适宜的水分。水分对秸秆腐熟至关重要，水分过少会影响微生物活动。土壤含水率低于40%就不能满足微生物的正常生长繁殖；低于10%微生物的代谢活动就处于几乎停滞状态。而水分过多，会降低通风透氧的效果，氧传递受阻，影响微生物的生长活动。一般认为土壤含水率在60%～70%时，较适合秸秆的分解。

二是密切注意温度。温度是秸秆腐熟过程中微生物活动的重要影响因素，不同微生物有不同的最佳生长温度、最佳产酶温度以及最佳酶活性温度。温度过低，微生物代谢水平低，腐解速度慢；温度过高，会产生抑制作用。温度在20～30℃时微生物对秸秆进行分解的速度最快，小于10℃时分解能力较弱，高于50℃则基本停止对秸秆的分解。因此，在应用快腐剂时，要根据天气情况，根据外界温度选择合适的使用时间。

三是根据快腐剂剂型采用不同施用方法。快腐剂如果为水剂，则通过专用喷洒车或人工喷雾器喷淋到秸秆上，之后再翻埋秸秆；快腐剂若为粉剂或颗粒态，最好把快腐剂兑在水中喷洒在秸秆上，也可以将快腐剂直接均匀地撒在秸秆上，然后把快腐剂和秸秆混拌均匀后施入农田。

（四）注意事项

1.旱地作物快腐还田应多浇水

小麦、油菜等旱地作物进行快腐还田时，由于土壤表面覆盖了秸秆，在进行灌溉浇水时易导致土壤水分吸收不便，给作物生长带来障碍，所以在进行浇水作业时，应该多浇一些水或先扒开秸秆层再进行浇水作业。

2.快腐还田在山区及丘陵地区成本较大

因为快腐还田需要将秸秆尽可能地粉碎，山区及丘陵地区不适宜直接通过农机收割后粉碎，使用人工增加的人工成本将直接影响快腐还田的综合效益。

3.应尽可能选择含复合菌群的快腐剂

秸秆的降解是多种酶系协同作用的结果。单一菌种不能分泌全部的降解酶系，因此很难达到对秸秆的完全降解。多种菌种组合通过增加微生物的种类，利用它们之间的协调和互补作用，可以实现秸秆腐解剂的高效稳定。

（五）适宜地区

此项技术主要适用于南方地区，适宜大田作物秸秆产生量大、茬口紧张的两熟以上区域，不适合干旱、土壤墒情较差的西北地区以及其他寒冷地区。

（六）典型案例

台州市白鹤镇井塘村开展湖北太阳雨三农科技有

限责任公司的家农微生物快腐剂田间小麦秸秆覆盖水田试验表明，在基本相同的农艺措施条件下，小麦秸秆还田后不使用快腐剂的水稻田表现为前期无杂草，后期杂草、病害发生轻，水稻长势较好（水稻品种为甬优9号）；无秸秆还田的普通水稻田块，田间杂草发生早，发生量大，水稻长势一般，穗型较小；小麦秸秆还田且使用了快腐剂的水稻田表现为前期无杂草，后期杂草、病害发生轻，秸秆腐烂速度较快，提前约20天，田间孔隙度大、透气性好，水稻长势较旺，穗型较大，水稻后期熟相好（许卫剑等，2011）。使用快腐剂秸秆还田后，纯氮、五氧化二磷、氯化钾含量分别增加1.8%、0.9%、2.2%，相当于施尿素3.87千克/亩、过磷酸钙6.9千克/亩、硫酸钾4.5千克/亩，同时土壤孔隙度提高1.7%～7.0%，相当于可节约成本66.67元/亩。

五、秸秆生物反应堆技术

（一）技术内涵

秸秆生物反应堆是充分利用秸秆资源，显著改善农产品品质，大幅度提高农产品产量的现代农业生物工程。在适宜的温度、水分、pH和充足的氧气供给等条件下，利用秸秆生物反应堆技术，将秸秆转化为农作物所需要的气肥、有机肥，氮肥、磷肥、钾肥、多种微量元素肥料以及热量、抗病微生物孢子等，可有效地改良土壤结构、改善土壤墒情、减少病虫危害，从而为农作物生长发育创造较理想的环境，实现农产品的高产、优质、高效。

秸秆生物反应堆技术的核心内容是秸秆资源的高效肥料化利用，其过程中的核心技术是在生物菌剂作用下的秸秆快速腐熟。秸秆生物反应堆技术的原理是：秸秆通过加入微生物菌种、催化剂和净化剂，在通氧气（空气）的条件下，被重新分解为二氧化碳、有机质、矿物质等，并产生一定的热量和大量的抗病微生物孢子，继之通过一定的农艺设施把这些生成物提供给农作物，使农作物更好地生长发育。反应示意式为：

$$秣秆（有机物）+\xrightarrow[\text{氧气、菌种}]{\text{催化剂、净化剂}} 二氧化碳（气肥）+热量+$$

有机质（有机养分）+矿物质（无机养分）+孢子

　　这样植物光合作用生成有机物，微生物氧化分解有机物，二者在物质转化、能量循环的过程中构成了一个良性循环的生物圈（张世明，2004）。这就是秣秆生物反应堆的基本依据和原理。研究证实，在适宜条件下，反应堆可把1千克秣秆等物质转化成1.1千克二氧化碳、12.70兆焦热量、30克拮抗孢子和130克残渣（代谢最终产物）[山西农业（致富科技），2007]。

　　秣秆生物反应堆技术的应用方式可分为内置式、外置式和内外置结合式三种基本的方式。内置式又可分为行下内置式、行间内置式、穴中内置式和追加内置式四种。外置式秣秆生物反应堆根据其建造位置的不同，可分为棚内外置式和棚外外置式。内置式秣秆生物反应堆既适用于保护地栽培，又可应用于大田农作物种植。外置式秣秆生物反应堆主要应用于温室大棚农作物种植。温室大棚在没有通电的情况下，只能采用内置式秣秆生物反应堆；在通电的情况下，既可采用内置式，也可采用外置式或内外置结合式。

（二）技术特点

1.具有二氧化碳施肥效应

二氧化碳是植物进行光合作用不可缺少的物质。温室中由于光合作用消耗导致二氧化碳亏缺严重，而二氧化碳亏缺又会降低光合作用效用。空气中的二氧化碳浓度只有300 ～ 330克/米^3，尤其是冬天日光温室、塑料大棚等设施温差大、相对密闭，其二氧化碳浓度更低，长期密封的塑料大棚有时二氧化碳浓度只有100克/米^3，使大棚作物处于饥饿状态。秸秆生物反应堆在微生物分解秸秆的过程中，可产生大量的二氧化碳气肥，源源不断地供给农作物生长所需。实验发现，通过内置式与内外置式秸秆生物反应堆对提高二氧化碳浓度具有十分显著的影响。

2.具有热量效应

植物光合作用过程中的暗反应是由酶催化的化学反应，而温度直接影响到酶的活性，因此，温度对光合作用的影响也很大。除了少数的例子以外，一般植物可在10 ～ 35℃下正常地进行光合作用，25 ～ 30℃最为适宜。冬季低温是制约温室大棚农作物生长的重要因素。随着生物菌种不断分解秸秆，地下耕层会将产生的热量直接传递到土壤中，并逐渐挥发到空气，大棚内的气温和地温也随之升高。据测定，在冬季温室大棚内应用内外置结合式秸秆生物反应堆，可使

15 ～ 20厘米地温提高4 ～ 6℃、气温提高2 ～ 3℃。据观测，应用外置式秸秆生物反应堆的冬季温室大棚，与对照大棚相比，平均气温可提高1 ～ 3℃，而且外置式秸秆生物反应堆对日最低气温的增温作用大于对日最高气温的增温作用（曹长余等，2005）。

3.具有生物防治效应

设施栽培长期处于相对封闭的状态下，空气流动不畅，空气湿度大，叶片时常结露，从而为病虫害的滋生创造了条件。化学防治不但投资大，而且造成农药残留，严重威胁到农产品质量安全。

秸秆生物反应堆的使用对温室大棚病虫害有显著的防治作用，在少用农药甚至不用农药的基础上可使蔬菜、水果常见病虫害种类和数量减少40% ～ 50%，危害程度也大幅度下降。

秸秆生物反应堆的生防效应主要表现在：一是在反应堆的反应过程中，大量有益微生物孢子释放到大棚内空气中和作物的叶面，可有效地防治病虫害；二是施用秸秆液可有效地预防和杀灭病虫害；三是交换器的使用，使大棚内空气经常流动，可有效地降低大棚内空气和作物叶面的湿度；四是作物更加枝强叶壮，根深叶茂，对病虫害的抵御能力显著增强。据比较研究，在温室大棚内应用秸秆生物反应堆，对番茄灰霉病的防治率为51.2%，对番茄晚疫病的防治率为58.4%、早疫病的防治率为46.0%（车献水等，2005）。据研究，与对照相比，两个应用外置式秸秆生物反应堆的大棚，对西葫芦银叶病的防治率分别为45.1%和55.4%，对白粉病的防治率分别为60.7%和65.9%；在西葫芦整个生育期可少用农药60.6%（曹长余等，2005）。

4.具有培肥改土效应

由于化肥的大量施用和耕翻质量的下降，我国不少耕地出现了土壤板结、土质恶化的问题，土壤通透性越来越差，严重影响了作物根系的呼吸和对土壤养分的吸收，化肥利用率长期偏低，抗旱保墒能力也得不到有效提高。

经过微生物发酵、腐解后的秸秆是良好的生物有机肥，富含大量的活性物质和矿物质，对增加土壤有机质、改善土壤理化性状、弥补土壤微肥之不足等有重要作用。实践表明：大面积保护地、大田和果园应用秸秆生物反应堆，当年即可减少化肥施用量一半左右；连续应用该技术三年以上的温室大棚，基本上可做到不施用化肥而能保持高产稳产。

（三）操作规程与技术要点

1.内置式秸秆生物反应堆

（1）操作规程。内置式秸秆生物反应堆是指把反应堆置于土壤中，在生物菌种的作用下，通过好氧发酵，为农作物提供各种营养物质和热量等。其工艺流程如图9所示。

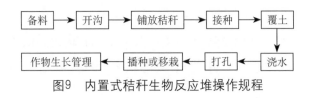

图9　内置式秸秆生物反应堆操作规程

（2）技术要点。内置式秸秆生物反应堆的技术要点有三个方面：一是进行植物疫苗接种，二是科学处理菌种，三是标准化建造和应用。

为防治不易发现的线虫和线虫卵等病虫害给作物生长造成"连作障碍"，种植禾本科植物（如小麦、玉米、水稻等）时如施用非草食性动物粪便（人粪、猪粪、鸡粪等）必须经过植物疫苗处理。

首先对大棚或者大田的植物疫苗分别进行处理。大棚配方每亩需5～10千克疫苗，1千克疫苗掺20千克麦麸，20千克饼肥，60千克秸秆粉，160千克水后掺和拌匀；大田配方每亩则按10千克疫苗掺45千克麦麸，加水45千克后掺和拌匀；堆积4小时后即可撒施。如当天未能用完应及时以10厘米厚度摊开，次日继续使用。

其次，应在种植前50天对地面进行压青灭茬，晒垡歇地。接着在建造反应堆前15～30天按大棚每间的长宽，四周打埂做畦，漫灌两次后高温闷棚7天再通风3～5天。完成以上工作，待整平畦面后即可进行植物疫苗接种，将疫苗用量经活化发酵处理后，均匀撒施于各畦上，并随即进行翻耕耙平。

为了使菌种接种均匀，使用前必须进行预处理，具体方法是：按1千克菌种掺20千克麦麸、18千克水的比例，先把菌种和麦麸干着拌匀，再加水拌匀，堆积4～5小时就可使用。如当天用不完，应堆放于室内或阴凉处（厚度8～10厘米），注意降温防热，第2天继续使用。一般存放时间不宜超过3天。

菌种用量按照每吨秸秆用1千克菌种的标准测算。不同内置式反应堆每亩菌种用量为：行下内置式和行间内置式6～8千克；穴中内置式和追加内置式4～5千克。

内置式反应堆操作时要切实做到"三足、一露、三不宜"。"三足"是指：秸秆用量足，菌种用量足，第一次浇水足。"一露"是指：内置沟两端秸秆要露出茬头。"三不宜"是指：开沟不宜过深，覆土不宜过厚，打孔不宜过晚。

最后，为保证内置式反应堆的通气性，地膜只盖小行，在小行封行时进行覆膜。为保证叶片充分吸收二氧化碳，前期每月打孔2～3次，中后期每月打孔3～4次。为保证冬天光能利用，可通过早拉晚盖草帘子延长光照时间；保持棚膜清洁以增加光强；拉大行距、缩小株距以增加作物群体中下部透光度。

（3）行下内置式秸秆生物反应堆操作规程。在农作物种植前15～20天，在种植行下开挖一条深20～30厘米的沟（图10）。沟宽视种植行数而定：如果是单行种植，沟宽为35～40厘米；如果是双行种植，沟宽为60～80厘米。沟的宽、深也可视作物品种而定：瓜类作物一般沟宽50～80厘米，沟深20～30厘米；块茎或块根类作物，一般沟宽

40 ～ 50厘米，沟深20 ～ 25厘米；畦栽作物一般沟宽80 ～ 100厘米，沟深20厘米。

图10　行下内置式秸秆反应堆开沟

沟开好后，把提前准备好的秸秆填入沟内（图11），铺匀、踏实，然后在秸秆上撒施粪肥和饼肥，选择秸秆越干越好。秸秆填放厚度以25 ～ 30厘米为宜，每亩秸秆用量可视作物品种确定，短生育期的品种可少填些，但一般不低于2.5吨；长生育期的品种可多填些，可用5 ～ 6吨乃至更多。

图11　行下内置式铺放秸秆

　　铺放秸秆时，一般沟下部放硬而整的秸秆（如玉米秸、棉柴等），上部放碎而软的秸秆（如麦秸、玉米皮、稻草、食用菌下脚料、杂草、树叶等）。如果没有碎秸秆，也可全部用整秸秆。沟的两头要露出10厘米左右的秸秆（图12），以便浇水、进气。

图12　行下内置式秸秆需露出沟10厘米左右

　　严禁用化肥作底肥（化肥只可作追肥）。有条件的最好在秸秆上撒施一层粪肥和（或）饼肥再覆土。每亩添加粪肥量以3～4米³草食动物的粪便为宜，饼肥量以100～150千克为宜。

　　秸秆填好后整平，把提前拌好的菌种均匀地撒在秸秆上，再将两边开沟的土覆于秸秆上，不宜过厚，原则上栽苗时作物根系离秸秆层5～6厘米。不同根系作物的覆土标准为：浅根系作物覆土厚度一般为12～15厘米，深根系作物覆土厚度一般为16～20厘米。

　　覆土后及时灌水。第一次灌水是反应堆的启动水，水量要大，使秸秆尽量吸足水。灌水时禁用农药与杀菌剂，以避免菌种丧失活性。可以在叶片上喷施防治飞虱、蚜虫等病虫害的农药。

浇水后4～5天内必须进行打孔通氧（空气），如图13所示。打孔方法：顺反应堆方向以行距25～30厘米、孔距20～25厘米，用12号钢筋打两行孔，孔深以穿透秸秆为宜。

图13　行下内置式秸秆生物反应堆打孔

打孔后7～8天再灌一次水，然后播种或移栽定苗。定植时只浇提苗水，浇水后如果孔被封死，要再打孔。如果采用地膜覆盖栽培农作物，在地膜上也要打孔。如果在定植前没有灌水，可在定植时用穴灌的办法解决问题，即在定植的同时，每株苗浇1碗水，然后过5～6天再浇1碗水。

在定植后的用水管理上，采用行下内置式秸秆生物反应堆与常规灌溉管理的主要区别在于"三水"运用，即在定植后两个月左右的时间内，要完成3次大水的灌溉，平均每20天左右浇水1次。水是微生物分解转化秸秆的重要介质，因此秸秆生物反应堆开始反应后需消耗大量的水。缺水会降低反应堆的效能，使作物生长受阻。但是如果水分过大，又会产生反作用。是否需要浇水，可用土法判断：掀起地膜，用手将表层的1～2厘米土拨到一边，向下抓一把土，然后用力攥，如果不能完全将土攥成团，说明土壤缺水了，需要马上浇水；如果能将土攥成团，1米高松手使土自然落下，土团完全散开，说明此时的土壤含水量正好适合作物生长，不能浇水。应尽量在晴天时浇水，以9:00—14:00为宜，浇水后3天内放风降湿。与常规管理相比，行下内置式秸秆生物反应堆在整个冬季的浇水次数要减少1～2次。

播种或移栽定苗后，前两个月不要施用化肥，以避免降低菌种活性；后期可适当追施草食动物的粪肥或复合肥。如果后期用化肥作追肥，较常规种植相比，第一年可少用40%～50%，第二年可少用60%～70%，第三年可更少量施用或不再施用化肥。施肥结构为结果前以尿素为主，以后氮肥、磷肥、钾肥混合施用。图14为运用行下内置式秸秆生物反应堆的辣椒定植后正在生长。

图14　行下内置式秸秆生物反应堆

行下内置式秸秆生物反应堆的好处是：根区传热快、增温值高，根系直接向反应堆延伸，吸水保水性能好，适合于温室大棚、大小拱棚和大田作物的种植。

（4）行间内置式秸秆生物反应堆操作规程。行间内置式秸秆生物反应堆是指在定植后的大行间（人行道）挖土（图15）、放秸秆、撒菌种，覆土作业的方式。应控制在定植后至大行封垄前进行，时间越早，操作越方便。图16为完工后的行间内置式秸秆生物反应堆效果图。

图15　行间内置式秸秆生物反应堆开沟

图16　行间内置式秸秆生物反应堆

行间内置式与行下内置式主要做法基本相同。两者的不同之处主要有：一是行间内置式一般在大行中起土开沟，沟宽视大行的间距而定，60厘米的行距开30厘米宽的沟，80厘米的行距开50厘米宽的沟，原则上开沟要距根系15厘米以上，以防烧根。二是行间内置式沟深比行下内置式沟深可略浅5厘米左右。三是行间内置式覆土厚度在12厘米左右，与种植浅根系作物的行下内置式覆土厚度基本相同。四是行间内置式只在反应堆做完后在大行中浇足1次水，以后均在小行浇水，水量和次数均比常规种植用水减少一半。

行间内置式反应堆具有以下优点：一是充分利用农时和劳动力，缓冲性好，没有收获秸秆时，可先播种与定植，秸秆收获后再行操作。二是挖土浅，覆土薄，用工少。三是透气好，秸秆腐烂速度快，单位时间内二氧化碳释放量大。四是棚内湿度小，病害轻。

五是应用周期长，田间管理更常规化，初次使用者更易于掌握。

（5）穴中内置式秸秆生物反应堆操作规程。穴中内置式秸秆生物反应堆的具体做法如下所述。定植前10天左右，将秸秆粉碎成粉粒，再按1千克菌种掺20千克麦麸、30千克饼肥、200千克秸秆粉，加水360千克，充分混合拌匀后，堆积成宽80厘米、高60厘米的长形堆。堆面用5厘米直径的木棍，每平方米打6～8个孔，盖膜升温至60℃时翻堆，再盖膜升温至60℃时即可开堆放热后使用。根据不同作物品种的株距挖穴，一般穴深20～25厘米，穴径25～30厘米，每穴填入湿反应料0.7～1.0千克，填土10厘米厚，浇一碗水，再覆土，隔1～2天打孔3～4个即可。对于小株距的作物品种按行开沟，沟宽15～20厘米，沟深20～25厘米，沟底铺放5～6根玉米秸秆，两头露出10厘米，将湿反应料，按每株0.5～0.7千克，顺沟放到秸秆上，填土5～6厘米，浇水。覆土两天后，在两株定植苗之间，用12号钢筋各打两个孔穿透秸秆。以上两种情况盖地膜均要在定植10～15天后进行。

（6）追加内置式秸秆生物反应堆操作规程。追加内置式秸秆生物反应堆可随时补充作物在生长苗期、开花期和结果期对二氧化碳、热量、有机营养和无机营养的需求，一般在苗期或后期使用。该方式可以采取开穴或开小沟的办法，操作类同于穴中内置式。具体做法：离开植株15～20厘米，每隔30厘米开穴或开沟，一般穴、沟宽20～30厘米，深15～20厘米，向穴或沟中浇水，待水渗入土中后，将湿反应料填满穴、沟，然后盖土、覆膜、打孔即可（张世明，2006）。

此方式有以下优点：一是碎料反应速度最快，供应二氧化碳及时，促使壮苗早发。二是补充后期原料不足，可持续供应作物需求，防止作物早衰。三是可提高增产幅度。因其简便灵活，秸秆利用效率高，应用范围广，保护地和大田作物生长的任何时期均能使用，所以又称为灵活内置式秸秆生物反应堆。

（7）树下内置式秸秆生物反应堆操作规程。树下内置式秸秆生物反应堆是指在果树、绿化树、防护林树等下面，围绕树干四周全起土或部分起土，接种疫苗，铺放秸秆，撒菌种，回填土，浇水打孔。树下内置式秸秆生物反应堆具体可分为非生长期建造与生长期建造两种类型。

多年实践证明，非生长期建造效果最佳，其具体操作是非生长期（落叶后至发芽前）绕树干四周全部起土，深15～20厘米，露出多数毛细根，宽以树干到树冠投影为准。挖坑后先撒疫苗，后放秸秆填满，再撒菌种，最后回填土壤。2～3天后浇1次透水，间隔7天，再浇水1次，经3天后就可第1次打孔，往后每月打孔1次即可。密集果园可在树行两边分别起土，宽度为60～80厘米，间隔10天进行第2次浇水，每行打两行孔，其余与普通操作一致。

生长期一般采用间隔半操作方法，以果树树干为中心划"十"字，采用对角线起土做堆法。即做一半面积，留一半面积，间隔进行，其建造方法同上。

2.外置式秸秆生物反应堆

（1）操作规程。外置式秸秆生物反应堆是指把反应堆建于地表，通过气、液、渣的综合应用实现其增产作用。外置式秸秆生物反应堆由三部分组成：①反应系统，包括秸秆、菌种、覆膜、氧气、隔离层等。②贮存系统，包括贮气池、贮液池等。③交换系统，包括输气道、交换机底座、交换机、输气带、进气孔等。其工艺流程如图17所示。

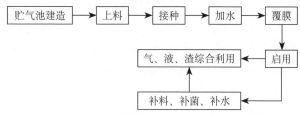

图17　外置式秸秆生物反应堆操作规程

（2）技术要点。外置式秸秆生物反应堆的技术要点有五个方面：一是贮气池建造。二是植物疫苗和菌种预处理。三是启动。四是"三用"，即综合利用反应堆的"气""液""渣"。五是"三补"，即及时向反应堆补气、补水、补料（包括秸秆和菌种）。

如果是温室大棚，棚内有足够的空间建造秸秆生物反应堆，最好把其建在大棚内，这种方式称为棚内外置式；如果是大中拱棚，棚体较矮，棚内建不开，可把秸秆生物反应堆建在大棚外，这种方式称为棚外外置式。

外置式秸秆生物反应堆的植物疫苗和菌种预处理与内置式完全相同，在此不赘述。以下主要以棚内外置式为例，阐述外置式秸秆生物反应堆的贮气池建造、启动和"三补""三用"等技术环节。

（3）贮气池建造。温室大棚第一次应用外置式秸秆生物反应堆，要先建造贮气池。在黄淮海地区，贮气池的建造一般要在10月下旬以前完成。

棚内外置式秸秆生物反应堆的贮气池建造方式有两种。第一种是在大棚内靠近门口的南侧，离开山墙50～60厘米，依据大棚宽度，南北方向挖一个长5～7米、宽1.1～1.2米、深40～60厘米的长方形坑，两头略高，中间略低（图18）；沿坑壁用单砖砌垒，并使其高出地面40厘米，形成一个80～100厘

图18　棚内外置式秸秆生物反应堆

米深的贮气池，池内侧砖壁用水泥抹面；坑底用水泥打底或用厚塑料膜铺底。靠近贮气池的大棚侧墙要蒙上塑料布，以免反应堆加水时弄湿墙体。在靠近植物一侧砖墙中间留一个直径40厘米圆形口，以安装二氧化碳交换机（图19）。

图19　棚内外置式秸秆生物反应堆交换机安装

　　第二种建造方式在建池位置、建池长度和宽度、池壁砌砖、池底防渗等方面，与第一种建造方式的要求完全相同。其与第一种建造方式的主要区别在于：一是池深下挖到80～100厘米，不再在地上砌砖墙；二是为了安装二氧化碳交换机，要建造一个二氧化碳交换机底座。交换机底座的建造方式为：在贮气池中间部位、靠近植物一侧，垂直于贮气池开挖一个长60～120厘米、50～60厘米见方、深度略深于贮气池的通气道；交换机底座建在通气道末端，为圆形，下口径50～60厘米，上口径40厘米，高出地面20～30厘米。与贮气池一样，通气道和底座皆用砖砌壁，用水泥抹面，底部防渗方式也与贮气池完全相同。

棚外外置式秸秆生物反应堆，贮气池的建法是：离大棚前沿1.5米处，挖一条东西长15～20米、宽1.0～1.5米、深0.6米的贮气池；在贮气池中间挖一条垂直通向大棚内的长3米、宽0.8米、深0.7米的进气道；在进气道终端建一个下口径50～60厘米、上口径为40厘米、高出地面20～30厘米的交换机底座。整个基础用单砖砌壁、水泥抹面，底部用水泥打底或用厚塑料膜铺底防渗。

在贮气池建好后，先在池上每隔60～70厘米放一根棚杆，然后从贮气池两头纵向拉3～4道铁丝（间隔20～25厘米），以备在上面排放秸秆（图20）。

图20　外置式秸秆生物反应堆排放秸秆

（4）正式启动准备。外置式秸秆生物反应堆的主要特点是在作物整个生长发育阶段都能建造并供应植物所需二氧化碳，灵活性较高，越早利用增产效果越明显。

原则上要提前10天开始做反应堆正式启动的准备工作。对于移栽的作物，需要在定植3天后正式启动反应堆；对于直播点种的作物，需要待子叶展平后正式启动反应堆；对于苗床，需要在出苗后真叶未展平前正式启动反应堆；对于果树，需要在果树花芽膨大前7天正式启动反应堆，直到落叶为止。外置式秸秆生物反应堆正式启动的准备工作和操作方法如下：

先往池中加水，水深达池深的2/3 ～ 3/4即可。再往池上排放秸秆、撒菌种。一个标准规模（50米×8米）的温室大棚，秸秆总用量3 ～ 4吨，菌种总用量6 ～ 8千克，即每吨秸秆配2千克菌种。秸秆堆放厚度在1.5 ～ 1.6米，分3 ～ 4层排放。每层秸秆厚40 ～ 50厘米，每层秸秆用量1吨左右，每层撒放菌种2千克左右。玉米秸、麦秸、稻草、杂草、树叶等均可作为反应堆的原料。

排放好秸秆后，用直径10厘米左右的尖木棍，自上向下打40厘米见方的孔，这样可以让空气进入秸秆反应堆。然后洒水湿透秸秆。洒水时不宜过快，可间歇洒水，以确保秸秆被完全湿透的同时，又不至于池内积水过多。

洒水后盖上塑料薄膜。所盖塑料膜，除靠近交换机的地方一定要密封外，其他地方盖膜不可过严，要留出5～10厘米高的空间，以便进气促进秸秆分解发酵（图21）。如果盖膜太严，不仅不利于反应堆反应，而且有可能因缺氧生成较多的一氧化碳，从而导致人中毒。

图21　外置式秸秆生物反应堆覆膜

安装好二氧化碳交换机和输气带。把二氧化碳交换机安装在其底座上，通上电。该机功率150瓦，每小时流量2 900米^3。交换机要与底座密封好，外部空气不能从底座进入交换机内。输气带一般为直径40厘米的塑料薄膜管（图22），东西向吊在棚膜下（高1.6～1.8米），并贯通整个大棚；一头与交换机相连，一头封口。开动交换机，用烟头或较粗的香火头在输送带下部打孔，共打孔3～5行，孔间距以20～25厘米为宜。

图22　外置式秸秆生物反应堆输气带

间断开机。安装好二氧化碳交换机和输气带后即可正常开机输气。反应堆建好当天就要开机抽气1～2小时。其后每两天开机1次，每次2～3小时。5天后开机时间延长至6～8小时，遇到阴天时也要开机2小时以上。

补水。反应堆正式启动前，利用池内水每3～4天向堆中补水1次，待开始定植时池水中的二氧化碳已达到饱和，可用于作物的叶面喷施。

至此，外置式秸秆生物反应堆正式启动的准备工作就绪。

（5）"三用"：用好反应堆的"气""液"和"渣"。

用气。充分使用反应堆中的二氧化碳气体是该技术增产、增效的关键。用好"气"的关键是坚持按时开机送气。苗期每天开机4小时左右，开机时间在9:30—13:30为宜；作物生长中期，尤其是在开花期，每天开机7～8小时，开机时间在9:00—

17:00为宜；结果期每天开机10小时以上；盛果期要全天候开机，不论阴天还是晴天都要开机，阴天开机时间可适当短些。

用液。外置式秸秆生物反应堆浸出液中含有大量的二氧化碳、矿质元素、抗病生物孢子，既能增加植物的营养，又可起到防治病虫害的效果。秸秆浸出液的用法主要有三种。一是喷施。取池中浸出液过滤后，加两倍左右的水，用喷雾器喷施于叶背面、幼果和植株生长点上，既能增加坐果率，又能促进果实壮大。每次喷施的具体间隔时间视棚内湿度而定，一般每月3～4次。二是灌根。分前期、中期、后期3次进行，每株蔬菜一般每次用液200～500毫升。三是随灌溉水冲施。每月3～4次结合每次浇水冲施，每沟用液30～40千克即可。

用渣。秸秆在反应堆转化中释放出的大量矿物质元素，除溶解于反应液中，还积留在陈渣中。陈渣中含有的丰富的有机和无机养料，既可作追肥用，也可作为作物移栽定植时的穴肥。如果把这些陈渣收集起来，经过发酵处理，制成的高效生物有机肥在下茬育苗、定植时作为基质配合疫苗穴施或普施，不仅能替代化肥，而且对苗期生长、防治病虫害有显著作用，还可增产20%以上。

（6）"三补"：及时向反应堆补气、补水、补料。

补气。秸秆生物反应堆中的菌种是一种好氧菌，其生命活动过程中需要大量的氧气。因此，向反应堆中补充氧气是十分必要的，以防菌种因高温缺氧而失去活性。具体措施为：一是储气池两端竖立内径10厘米、高1.5米的塑料管，作为回气孔，以便氧气回流供菌种利用；二是在反应堆上打孔，以利于通气；三是盖膜时，反应堆下部露出5～10厘米的秸秆；四是反应堆建好后要经常开机抽气，即使在阴雨天，也应每天通气5小时以上。

补水。水是微生物分解转化秸秆的重要介质，反应堆湿度过大、过小都会直接降低反应堆的效能。随着反应的进行，反应堆水分急剧下降，应做到及时补水。反应堆正式启动后，一般用井水补充反应堆用水。秋末冬初和早春每7～8天向反应堆补水1次；严冬季节每10～15天补水1次。补水应以充分湿透秸秆为宜。一般禾本科植物秸秆加水的比例为1∶（1.35～1.45），豆科植物秸秆为1∶（1.45～1.50），木本植物下脚料（木屑、刨花、锯末等）为1∶（1.6～1.8），并要始终保持这样的比例。

结合补水，在反应堆上打孔通气，孔深以穿透秸秆层为宜。

补料。外置式反应堆一般使用50～60天后秸秆消耗60%以上，此时应及时补充秸秆和菌种。一次补充秸秆1 000千克、菌种2千克。浇水湿透后，用尖木棍打孔通气，然后盖膜。以后每45～50天补料一次。

在外置式秸秆生物反应堆整个运行期间，共需补料2～3次。第一次上料与后2～3次补料，共计利用秸秆5～7吨。

（7）环境调控。①温度调控。反应堆启动所需要的温度一般在10℃以上，适宜的温度是18～33℃。在18～38℃范围内，随温度的升高反应速度加快。生物活动加剧提升反应堆温度，这种生物热弥补外界温度的不足要消耗一定量的秸秆资源，所以在低温条件下应用生物反应堆，要增加适量的秸秆和菌种。揭盖草帘是冬暖大棚管理的重要技术环节。只要晴天，天明以后草帘揭得越早对光合作用越有利。适宜的盖帘时间主要取决于棚内气温，每天下午当气温下降至18～20℃，就应该及时放帘，防止光合作用下有机物积聚在叶片中，导致叶片过于肥厚、茎秆偏细、坐果率低、生长缓慢等不良现象的发生。在夏季高温时日，膜上要注意加盖草帘等进行遮阳，防止强光照射产生过多热量，也避免表层秸秆菌种的失活。在35℃以上特殊高温的天气，晚间要将膜揭开散热、透气、降温。② pH调控。pH在4～12的范围内，反应均可进行，调节适宜的pH，对提高反应速度非常重要。实践表明：秸秆反应堆起初的pH用石灰粉调节在8～10.5，45～50天以后调节在6.5～8，80～100天之后调节在5.5～6.5即可。

3.内外置结合式秸秆生物反应堆

上述内置式和外置式两种秸秆生物反应堆在同一大棚内使用，即为内外置结合式秸秆生物反应堆。不过两种反应堆的建造时期不同，内置式一般在作物播种或移栽定植前建堆（追加内置除外），外置式一般在其后建堆。在黄淮海地区，正常年份外置式秸秆生物反应堆在10月中下旬建堆，翌年4月撤堆。

（四）注意事项

1.草帘管理

由于具有反应堆的棚室其地温、棚温较高，为防止徒长和延长光合作用时间，与常规栽培相比，揭帘要早，百米能看清人时就拉草帘；盖帘要晚，晴天下午棚温降至17 ~ 18℃，阴天降至15 ~ 16℃时盖帘。

2.加强通风排湿

为提高光合作用，降低湿度，预防病虫害。应用反应堆的大棚，放风口应比常规开口时间早、开口大。一般棚温28℃时开始放风，风口要比常规的大1/4 ~ 1/3，温度降至24 ~ 26℃时关闭风口。

3.去老叶

对于不同品种去老叶的方法不同。黄瓜要保证瓜下有6 ~ 7片叶；番茄、甜瓜、辣椒等要保证果实下有8片叶，多余叶片可打掉。每天打老叶的时间安排在日出后一个半小时，否则减产严重。

4.留果数量

应比常规多20%～30%。

5.病虫害防治

应用该技术前三年的大棚，一般不见病不用药，外来虫害可科学使用化学农药进行无公害防治。

6.阴雨天后草帘管理

连续阴雨后揭草帘时不要一次全部揭开。

7.预防人为传播病虫害

切断病害被动传播的人为途径。每一个种植户管理大棚，棚内需要准备4～5双替换鞋和塑料袋，管理人员进出大棚要换鞋，参观人员进棚前鞋上要套塑料袋，以防带进线虫。

8.禁用激素

激素易使植物器官畸形，尤其是叶片畸形后气孔不能正常开闭，直接影响二氧化碳吸收、光合作用。

（五）适宜地区

全国秸秆资源丰富的地方都可应用该技术。内置式秸秆生物反应堆既适用于保护地栽培，又可应用于大田农作物种植。外置式秸秆生物反应堆主要应用于温室大棚农作物种植。温室大棚在没有通电的情况下，只能采用内置式秸秆生物反应堆；在通电的情况下，既可采用内置式，也可采用外置式或内外置结合式。

（六）典型案例

截至2012年，全国已有28个省、自治区、直辖市推广应用秸秆生物反应堆技术，累计推广面积已超过300万亩，取得了显著的经济、资源环境与社会效益。如秸秆生物反应堆应用面积每年达1 050万亩以上，按平均每亩一次性利用秸秆4吨计，全年可消化秸秆4 200万吨以上，基本相当于我国现实的年秸秆焚烧量，可使我国的秸秆焚烧问题得到有效控制。如果全国范围内该技术推广应用面积达3 000万亩以上，每年即可消化秸秆1.2亿吨以上，基本相当于我国现实的年秸秆剩余量（包括废弃量和焚烧量），有望使我国的秸秆综合利用水平达到一个全新的高度。

以山东省济宁市为例，该市自2003年引进秸秆生物反应堆技术，先后在20多种蔬菜、水果和经济作物上推广应用。截至2007年，全市累计推广应用该项技术的面积约7.5万亩，其中应用该项技术的冬暖大棚和大中拱棚面积近6万亩，小拱棚、设施池藕和露地栽培面积超过1.5万亩。新增蔬菜、水果等各类农产品总产量16.21万吨，新增农民纯收入24 612万元，平均每亩地年纯收入提高3 333元左右。

秸秆生物反应堆技术在山东推广示范效果良好，陆续被其他省份所引进，给当地农户增加了较高收益。2005年河北省引进秸秆生物反应堆技术，次年已在全省22个县推广示范100亩大棚。其中主要为蔬菜大棚，多采用行下内置式秸秆生物反应堆，平均增产幅度接近30%，而化肥用量减少30%。以承德县漫子沟村一个533.6米^{2}的黄瓜大棚为例，应用内置式秸秆生物反应堆后，减少农药化肥投入300元/亩，提前上市12天，效益纯增长量3 000元/亩。辽宁省一直以来高度重视秸秆生物反应堆技术。自2006年引进该技术，至2016年全省累计推广4 887亩。以辽宁东港市草莓种植为例，该市2009年引入秸秆生物反应堆技术，2012年推广面积1 000亩。调查结果表明，采用行下内置式反应堆技术后，草莓平均增产3.5～4吨/亩，而且提前上市使得售价比其他草莓高2元/千克，可增收1.3万～1.5万元/亩，扣除菌种、秸秆等成本后，纯收入达8 000～10 000元/亩。陕西咸阳市秦都区从2010年开始在大棚蔬菜上示范推广以行间内置式为主的秸秆生物反应堆技术。通过两年的应用，增产增收效果明显，深受农户喜爱。据在当地的调查：以番茄种植为例，应用秸秆生物反应堆技术比普通大棚防治次数少，农药成本可降低200元/亩，化肥施用量减少200千克/亩左右，节省灌水次数4次，延长25天番茄生育期，品质也有所提升，增产554千克/亩，投入产出比为1∶10（赵有斌，2012）。2012年宁夏吴忠市红寺堡区新庄集乡蔬菜标准园进行了秸秆生物反应堆技术示范推广，示范的规模为50栋5米×40米钢竹结构辣椒拱棚，均采用行下内置式秸秆生物反应堆。实践证明，采用行下内置式的辣椒生长速度快，生长健壮，开花期、果实膨大期的干重分别较对照期增加6.7克/株、6.1克/株，共增产17.7%；每栋拱棚增收987元，增产增收效果显著。秸秆生物反应堆示范效果显著，该区2013年就已在全区推广了490栋秸秆生物反应堆示范棚，深受农户欢迎。

秸秆生物反应堆技术不仅适用于北方地区，同样适用于南方地区。江苏省2009年引进该项技术，2010年开始在省内推广示范应用。据2014年在仪征市铜山办事处枣林湾农业科技示范园示范区的调查，在大棚草莓上采用简易外置式秸秆生物反应堆，可使生育期提前10～15天。相比不采用秸秆生物反应堆技术的对照区，每亩增产203千克，增产达15.03%，增收60 900元（陈莉萍等，2017）。2008年，湖南澧县张公庙乡新年村大棚葡萄开始试点行间内置式反应堆，试验面积19.5亩，当年就表现出明显效果。2009年实施面积85亩，2010年示范面积达210亩。据当地调查，葡萄上市时间平均提早5～7天，产量增加40%～45%，葡萄落果率降低8%～10%。应用该技术的葡萄种植园与常规葡萄园相比，第一年每亩节约化肥38.4千克、农药210元，

第二年节约化肥44.8千克、农药245元，第三年节约化肥51.2千克、农药315元；同时增加葡萄产量40%以上，三年每亩实现节本增收6 624元。

六、秸秆商品有机肥生产技术

秸秆富含氮、磷、钾、钙、镁等营养元素和有机质等。秸秆是农业生产重要的有机肥源。秸秆商品有机肥生产技术是控制一定的条件，通过一定的技术手段，在工厂中实现秸秆腐烂分解和稳定，最终将其转化为商品肥料的一种生产技术，其产品一般主要包括精制有机肥、有机-无机复混肥等。利用秸秆等农业有机原料进行肥料化生产的有机肥产品在改良土壤性质、改善农产品品质和提高农产品产量方面具有重要意义和显著效果。

（一）技术内涵

秸秆有机肥生产的原理是利用速腐剂中菌种制剂和各种酶类在一定湿度（秸秆持水量65%）和一定温度下（50～70℃）剧烈活动，释放能量，一方面将秸秆的纤维素很快分解；另一方面形成大量菌体蛋白，为植物直接吸收或转化为腐殖质。通过创造微生物正常繁殖的良好环境条件，促进微生物代谢进程，加速有机物料分解，放出并聚集热量，提高物料温度，杀灭病原菌和寄生虫卵，获得优质的有机肥料。

（二）技术特点

秸秆通过堆肥生产商品有机肥自动化程度高，腐熟周期短，腐熟彻底，避免了传统堆肥法存在发酵时间长、产生臭味且肥效低等问题。施用生产的精制有机肥，科学配比肥效高，氮、磷、钾养分较为均衡，能够增加土壤有机质含量，改善土壤结构，减少化肥使用，增产、增收。

在秸秆堆积、腐熟的过程中，产生的高温可杀死杀伤大部分病菌和害虫，减轻病原基数，降低虫口密度，防止秸秆、枯叶中的病菌、虫卵转移、传播，还可以产生一些有益微生物，从而减轻作物病害、虫害和草害的发生。

通过集中收集处理秸秆，处理规模大，减少人力、物力成本，效率高；减少秸秆焚烧，减轻环境污染，适合在农村大范围推广。

（三）操作规程与技术要点

1.操作规程

秸秆堆肥化技术种类众多，分类方式多样。根据堆肥物料的状态，可分为静态堆肥和动态堆肥；根据堆体内微生物的生长环境，可分为好氧堆肥和厌氧堆肥；根据堆肥的机械化程度，可分为露天堆肥和快速堆肥；根据堆肥化技术的复杂程度，可分为条垛式堆肥、强制通风静态垛式堆肥和反应器系统堆肥。

尽管堆肥系统多种多样，但其基本工序通常由前处理、主发酵、后发酵、后处理及贮存等工序组成。秸秆商品有机肥生产技术一般采用好氧堆肥工艺。该工艺机械化程度较高，需配置成套的堆肥设备，如原料预处理设备（粉碎机、混合机、搅拌机）、堆肥设备（翻抛机、堆肥反应器、移动机）、筛分、包装、输送设备等，此外还需要具备成熟的生产工艺，如原辅料的配比、堆肥菌剂的选择与添加量、堆肥过程中温度与水分的控制、堆肥时间的确定等。

秸秆工厂化堆肥根据生产工艺和最终产品的不同而有所差别，主要包括秸秆精制有机肥生产工艺、秸秆有机－无机复混肥生产工艺等。

（1）秸秆精制有机肥生产工艺。秸秆和畜禽粪便等混合而成的物料经过堆肥化处理可以形成秸秆精制有机肥制品，生产过程主要包括秸秆原料的收集和储运、原料粉碎混合、一次发酵、翻堆通氧、陈化（二次发酵）、粉碎、复配与混合、筛分、计量包装等环节。精制有机肥现执行行业标准 NY 525—2002。精制有机肥的生产方法主要有条垛式堆肥、槽式堆肥和反应器式堆肥等几种形式，它们各有优缺点，需要根据企业当地的具体情况加以选择，但它们的生产工艺流程大致相同（图23）。

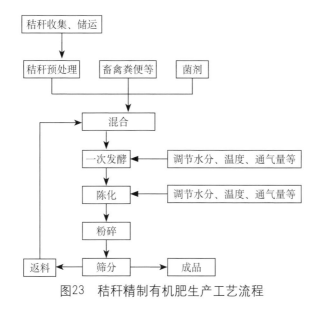

图23　秸秆精制有机肥生产工艺流程

（2）秸秆有机－无机复混肥生产工艺。有机－无机复混肥是指利用有机质和无机化肥，根据土壤和作物的营养特性混合配置而成的固体肥料。秸秆有机-无机复混肥不是简单的有机肥和无机肥的混合产物，它较单一生产有机肥或无机肥要难，主要在于两者造粒不易，或者是造粒产品不易达到国家的有机－无机复混肥产品标准（GB 18877—2002）。有机肥本身性质是不易造粒的主要原因，按国家标准规定，有机肥在整个复混肥的原料中占比不小于30%，而随着有机肥占比增加其成粒难度也会相应增大。

就现有工艺来说，秸秆有机－无机复混肥的生产工艺分为两个阶段，一个是有机肥的生产阶段，另一个是有机肥和无机肥的混合造粒阶段。秸秆有机肥的生产阶段与秸秆精制有机肥的生产相同，秸秆等物料也需要通过高温快速堆肥处理而成为成品有机肥。造粒阶段的流程主要包括：有机肥和无机肥的混合→混合料的造粒→颗粒的筛分→产品的包装。

目前，成熟的造粒工艺主要包括以下几种。①滚筒造粒。混合好的物料在滚筒中经黏结剂湿润后，随滚筒转动相互之间不断黏结成粒。黏结剂有水、尿素、腐殖酸等种类，可依生产需要而定。该工艺的主要特点是：有机肥不需前处理即可直接进行造粒；黏结剂的选择范围广，工艺通用性强；成粒率低，但外观好。②挤压造粒。有机肥和无机肥按一定比例混合，经对辊造粒机或对齿造粒机等不同的造粒机进行挤压或碾压成粒。质地细腻且黏结性好的物料比较适合该工艺的要求，此外必要时还需调节含水量以利于成粒。该工艺的主要特点是：物料一般需要前处理；无需烘干，减少了工序；产品含水量较高；颗粒均匀，但易溃散；生产时要求动力大、生产设备易磨损。③圆盘造粒。干燥和粉碎后的有机肥配以适量无机肥送入圆盘，经增湿器喷雾增湿后在圆盘底部由圆盘和内壁相互摩擦产生的力而黏结成粒，最后再次干燥后筛分装袋。圆盘造粒工艺现已发展出连续型和间歇型两种类型。该工艺的主要特点是：有机肥需先进行干燥粉碎处理，工序烦琐；对有机肥的含量适应性强；颗粒可以自动分级但成粒率偏低，外观欠佳；生产能力适中。④喷浆造粒。有机肥和无机肥按一定比例混合后投入造粒机内被扬起，然后喷以熔融尿素等料浆，在干燥和冷却的过程中逐步结晶达到相应的粒度。该工艺的主要特点是：造粒需高温；成粒率高，返料少；生产能力强。

除此之外，一些如挤压抛圆造粒的新型造粒工艺也已应用。其工艺流程大致是：物料混合→圆盘喂料→挤压造粒→颗粒抛光整形→烘干、冷却和筛分→计量包装。该工艺兼具挤压造粒和滚筒造粒的优点，产品在成粒性、强度和外观上都不错。产品的颗粒性、强度和外观等关系到产品的市场竞争力。一般情况下，颗粒均匀、强度适宜和外观良好的产品易于得到市场的青睐。

2.技术要点

（1）原料处理。秸秆首先经过分选、除杂，去除粗大垃圾和不能堆肥的物质，之后进行粉碎处理。研究显示秸秆粉碎到1厘米左右较适合进行堆肥。通过破碎可以使堆肥原料和含水率达到一定程度的均匀化，便于微生物繁殖，从而提高发酵速度。调节秸秆含水率，使秸秆含水量达60%～70%，这是堆肥成功的关键。

粉碎好的秸秆和畜禽粪便等其他物料进行混合，其主要目的是调节原料的碳氮比达（25～30）∶1和含水率达60%左右，使原料适合接种菌剂中的微生物迅速繁殖和发挥作用。据测算，一般猪粪和麦秸粉的调制比例为10∶3左右、牛粪和麦秸粉的调制比例为3∶2左右、酒糟与麦秸粉调制比例为2∶1（还需要调节含水率）左右是较合适的，但生产上对用料的配比需依物料实际情况再调整。

（2）好氧发酵。利用铲车将混合物进行搅拌，与添加的菌种（含除臭菌种）一起搅拌混合，搅拌后的物料进行好氧发酵。物料大致经历升温阶段、高温阶段和降温阶段3个阶段。

升温阶段大致是混合物料从开始堆垛到一次发酵过程中温度上升至45℃前的一段时间（2～3天），期间嗜温微生物（主要是细菌）占据主导地位并使易于分解的糖类和淀粉等物质迅速分解释放大量热而使堆温上升。为了快速提高堆体中的微生物数量，常需要在混合料中加入专门为堆肥生产而研制的菌剂。

高温阶段主要是堆体温度上升到45℃后至一次发酵结束的这段时间（1周左右）。该阶段中嗜热微生物占据主导地位，其好氧呼吸作用使半纤维素和纤维素等物质被强烈地分解并释放大量的热。该阶段中要及时进行翻堆处理（4～5次），依"时到不等温，温到不等时"的原则（即隔天翻堆时即使温度未达到限制的65℃也要及时进行，或者只要温度达到65℃即使时间未达到隔天的时数也要进行翻堆），以调节堆体的通风量、温度控制在50～65℃（最佳55℃），最高温度控制在小于70℃，堆体氧浓度保持在8%左右。该阶段也是有效杀灭病原微生物和杂草种子的阶段，是整个堆肥生产过程中的关键，其成功与否直接决定产品的质量优劣。

（3）陈化（二次发酵）。陈化过程（历时4～5周）主要是对一次发酵的物料进行进一步的稳定化，对应的是堆肥的降温阶段。堆体温度降低到50℃以下，嗜温微生物（主要是细菌）又开始占据主导地位并分解最难分解的木质素等物质。该阶段微生物活性不是很高，堆体发热量减少，需氧量下降，有机物趋于稳定。为了保持微生物生理活动所需的氧气量，需要在堆体上插一些通气孔。彻底腐熟完全的标志为畜禽粪便的臭味消失，稍有氨味，物料疏松，堆肥温度降低。

（4）粉碎与筛分。腐熟后的肥料运送到过筛机进行筛选，去掉其中的杂物。物料经粉碎筛分后将合格与不合格的产品分离，前者包装出售，后者作为返料回收至一次发酵阶段进行循环利用。

（5）造粒。根据生产中选择的造粒工艺，在造粒前要对有机肥进行一定的前处理，如工艺要求物料要细腻的需对其进行粉碎和筛分处理，工艺要求含水量低的需进行干燥处理等。

（6）烘干与包装。经过造粒、整形、抛圆后的有机颗粒肥内含有一定的水分，颗粒强度低，不适合直接包装和贮存，需要经过烘干、冷却除尘、筛分等生产工序后，方可进行称重包装，入库贮存。

（四）注意事项

1.原料预处理

秸秆纤维素、木质素含量高，一般不直接作为原料进行快速堆肥，应先进行切短或粉碎处理。

2.菌种

高效的微生物菌剂将有助于原料的腐解。添加菌剂后将菌剂与原辅料混匀，并使堆肥的起始微生物含量达106个/克以上。复合菌种要保存在干燥通风的地方，不能露天堆放。避免阳光直晒，防止雨淋。发酵剂不易长期保存，要在短期内用完。菌剂保管时不宜放在有化肥或农药的仓库内。

3.温度

秸秆腐熟堆沤过程中，微生物活动需要的适宜温度为40～65℃。保持堆肥温度55～65℃一周左右，可促使高温性微生物强烈地分解有机物，然后维持堆肥温度40～50℃，以利于纤维素分解，促进氨化作用的进行和养分的释放。在碳氧比、水分、空气和粒径大小等均处于适宜状态的情况下，微生物的活动就能使沤堆中心温度保持在60℃左右，使秸秆快速熟化，并能高温杀灭堆沤物中的病原菌和杂草种子。

4.pH

大部分微生物适合在中性或微碱性（pH 6 ~ 8）条件下活动。秸秆堆沤必要时要加入相当于其重量2% ~ 3%的石灰或草木灰调节其pH。加入石灰或草木灰还可破坏秸秆表面的蜡质层，加快腐熟进程。也可加入一些磷矿粉、钾钙肥和窑灰钾肥等用于调节堆沤秸秆的pH。

5.原料收储运成本

利用农作物生产有机肥料过程中存在的问题是：秸秆虽然来源广泛，但是由于其分布广、质地松散等原因，造成收集、运输、储存、粉碎和发酵成本偏高，不利于控制成本。因此，有机肥厂在选址过程中要考虑秸秆原料的可获得性和收集半径。

（五）适宜地区

全国秸秆资源丰富的地方都可应用该技术。该模式需要在工厂里集中进行，因此厂址的选择最好是选在秸秆集中的地方以便于进行收集，且可以减少运输费用。该技术适宜在农业生产规模较大的区域推广，包括大田作物种植区、设施蔬菜园区、畜禽养殖场等。对农作物的种类没有限制，适用于水稻、玉米、小麦、棉花、油菜等各种农作物。

（六）典型案例

北京市顺义区农业废弃物工厂化加工有机肥技术采用"农业生产者+农机服务组织+有机肥加工厂"的运行模式，由农机专业合作社负责将干秸秆、蔬菜烂叶烂果等农业废弃物收集拉运至有机肥加工厂，加工厂负责将废弃物经粉碎机切碎，与畜禽粪便混合，再添加发酵菌剂，搅拌后发酵，加工成有机肥。目前该技术模式主要在顺义区北务、李遂两镇开展试点推广工作，合计推广1.5万亩，年处理秸秆4.5万吨，粪污6万米^3，中药渣3 000吨。其工艺流程见图24。

（1）经济效益。农业废弃物工厂化加工有机肥成本主要分为废弃物运输成本、有机肥加工设备购买及使用成本、人工成本等。其中设备总投资约为80万元，包括翻堆机、包装机、铲车、运输车、粉碎机。有机肥加工需6人，每人每天130元，生产周期40天，人工费合计31 200元。加上处理过程中的电费、运输费及设备折旧费等。经核算，每添加1吨废弃物（含水80%）加工有机肥总成本为103.9元，处理后每吨废弃物平均可收益67.1元。

（2）社会效益。农业废弃物工厂化加工有机肥技术将农作物秸秆、设施废弃物和畜禽粪便等农业废弃物转变成一种优质的土壤有机肥，不仅能够避免农业废物造成的水体、空气等污染，还能节约资

种植园区　　　　废弃　　　　切碎

回用于生产

有机肥加工　　　好氧堆肥　　　混合搅拌

成品销售

图24　农业废弃物工厂化加工有机肥操作规程

源，实现再利用，彻底改变资源浪费型传统农业，为农业废弃资源的综合开发利用开辟了一条最为有效、持久的道路。同时，可带动有机肥加工等产业的发展，提高就业率，解决当地农民就业和增收问题。

（3）环境效益。农业废弃物工厂化加工有机肥技术的推广应用将改变北京地区农业废弃资源利用现状，促进其循环高效利用，减少废弃物随意排放和秸秆焚烧等造成的土壤、水和大气污染，有效缓解农业规模化发展所造成的养分资源浪费和农业面源污染压力，对减少温室气体排放和增加农田固碳也将起到积极作用。